情報通信技術と企業間取引

―鋼材取引業務の電子商取引化―

伊藤 昭浩

時潮社

目 次

各章の構成と概要 …………………………………………………5

第1章　企業活動の情報化 …………………………………9
第1節　企業組織の情報化 …………………………………11
　　1．SIS ………………………………………………………14
　　2．CIM ………………………………………………………15
　　3．CALS ……………………………………………………17
第2節　企業間取引の情報化 ………………………………18
第3節　情報通信技術と企業 ………………………………21
　　1．情報通信ネットワークの展開 …………………………21
　　2．企業の情報化の展開 ……………………………………24

第2章　企業間電子商取引の実際 …………………………31
第1節　企業間電子商取引の定義 …………………………31
第2節　電子商取引の特徴と市場領域 ……………………35
第3節　電子商取引の市場規模 ……………………………44

第3章　企業間電子商取引への取引費用論の応用 ……53
第1節　取引費用論 …………………………………………53
　　1．取引費用論の史的展開 …………………………………53
　　　(1) コモンズの取引概念……53
　　　(2) コースの企業論……54
　　　(3) ウィリアムソンの市場と企業組織……55
　　2．取引費用論の構造 ………………………………………57
　　　(1) 取引費用の概念……57
　　　(2) 取引費用の人的発生要因……58

  （3）取引費用の環境的発生要因……60
 第2節 企業間電子商取引と取引費用論……………………………63
  1．情報通信技術とコースの取引費用論…………………………63
  2．情報化によるシステム変容と取引費用節減効果……………69
  3．情報化による費用増大と対策…………………………………76

第4章 企業間の電子商取引化
   －鋼材取引業務の事例研究……………81

 第1節 電子商取引化以前の鋼材取引業務……………………………81
  1．特殊型鋼材取引（ひも付き契約型・中間組織型）……………87
  2．一般型鋼材取引（店売り契約型・市場型）……………………91
 第2節 鋼材の電子商取引化……………………………………………93
  1．特殊型鋼材（ひも付き契約型・中間組織型）の電子商取引化
   －鉄鋼ECシステムにおける企業間電子商取引ビジネスモデル……93
  2．一般型鋼材（店売り契約型・市場型）の電子商取引化
   －鋼材ドットコムにおける企業間電子商取引ビジネスモデル………98

第5章 鋼材の電子商取引化によるシステム変容
   と取引費用節減効果……………………109

 第1節 鋼材の電子商取引化によるシステム変容……………………109
 第2節 鋼材の電子商取引化による取引費用節減効果………………110
  1．ひも付き契約型における鋼材取引……………………………111
  2．店売り契約型における鋼材取引………………………………125
 第3節 企業間の電子商取引化における官民の役割分担……………134

結びにかえて………………………………………………………………137

参考文献……………………………………………………………………140

各章の構成と概要

　本著は，情報通信技術の発展がもたらす企業間取引への影響について，取引費用論に基づいて，鉄鋼業界における鋼材の電子商取引化について実証的に分析したものである。わが国の企業間取引における変化を取引費用論から実証的かつ理論的に詳細に分析し，従来の企業間取引を電子商取引化する経済合理性を示すことを試みている。

　本著は，第1章から第5章までの5章立てとなっている。
　第1章「企業活動の情報化」においては，まず，情報技術（IT）と通信技術（CT）がIT基礎部分を形成し，これらの技術がインターネットを有効化し，応用部分であるビジネスとコミュニケーションの発展を形成するIT構造を確認した。その上で，企業間の電子商取引化の前提となる企業組織および企業間取引の情報化の発展，情報通信技術と企業の関係を概観し，さらに第4章以降の事例研究で取り上げる鉄鋼業界の企業組織，企業間取引に関する情報化の進展を論じている。
　第2章「企業間電子商取引の実際」においては，まず第1節でOECD，米国商務省，日本政府などの電子商取引の定義・範囲を比較し，本著では，「情報通信技術を利用した，文字・音声・画像等のデータの電子的な処理や伝送を基礎とする企業間商取引」という立場を明らかにした。第2節では，電子商取引の特徴をあげ，特にネットワーク組織型と市場型の2つに分けられることを確認した。これは第4章での鋼材の電子商取引化の事例研究で，2類型の企業間電子商取引システム（鉄鋼ECシステム，鋼材ドットコム）があることの背景となっている。第3節では，国内外の各種統計資料から企業間電子商取引の市場規模を確認し，さらに鉄鋼業界の市場規模とその拡大をみている。
　第3章「企業間電子商取引への取引費用論の応用」においては，第4章以

降の実証研究のための理論的枠組みである取引費用論を整理・検討している。まず第1節で取引費用論についてコース，ウィリアムソンによる史的展開，および取引費用の発生要因を確認している。そして，取引費用を構成する要素として，a.情報・探索費用，b.交渉・決定費用，c.監視・強制費用を取り上げ，第4章以降の事例研究での分析枠組みを提示している。第2節では，前節を受けて取引費用論が電子商取引化に適用された場合を，コースの所説との関連で，①取引費用節減，②企業組織の編成様式，③企業間関係の変容，④産業編成様式等の側面から確認している。またウィリアムソンの所説との関連では，取引費用と資産の特殊性の関係から組織・市場分岐点を明らかにし，取引には市場型，中間組織型による調整メカニズムが存在し得ることを確認した。第4章以降の鉄鋼業界の事例では，a.立地の特殊性，b.物理的資産の特殊性，c.人的資産の特殊性，d.専用化された資産という資産の特殊性から，従来の鋼材取引には，中間組織＝「ひも付き契約型取引」，市場型＝「店売り契約型取引」が存在することをみている。これは，第5章における鋼材の電子商取引化による企業間取引システムの変容の理論的分析の前提条件となっている。また，ピコーの所説の関連では，取引費用と資産の特殊性の関係から，電子商取引化は取引費用を削減させ，特に資産の特殊性が高い場合に，その節減効果が高いことをみた。鉄鋼業界の事例でいえば，ひも付き契約型取引の方が店売り契約型取引よりも，電子商取引システム導入による取引費用節減効果が高いことをみている。

　第4章「企業間の電子商取引化—鋼材取引業務の事例研究」においては，第1節では，従来型の鋼材取引について，特殊型鋼材取引（ひも付き契約型・中間組織型），一般型鋼材取引（店売り契約型・市場型）における鋼材の物流・情報流の詳細を確認し，鋼材取引では2類型の取引がある必然性を分析している。第2節では，鉄鋼業界に電子商取引システムが導入された事例をみている。中間組織＝「ひも付き契約型取引」は「鉄鋼ECシステム」に移行し，市場型＝「店売り契約型取引」は「鋼材ドットコム」に移行したが，各電子商取引システムについて，その内容をデータベース技術，エージェント技術

本著の構成〈フローチャート図〉

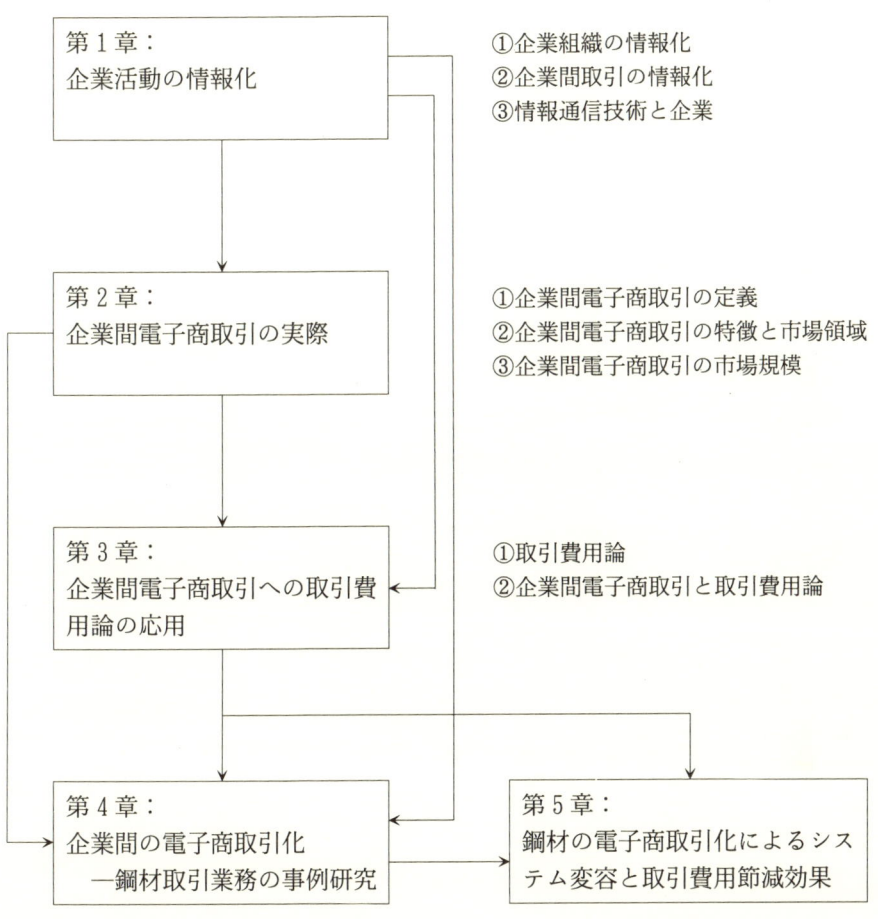

を中心に，聞き取り調査および元資料から詳細に確認している。

　第5章「鋼材の電子商取引化によるシステム変容と取引費用節減効果」においては，第1節では，鋼材の電子商取引化において資産の特殊性が高い従来の中間組織型＝「ひも付き契約型取引」はネットワーク組織型の「鉄鋼ECシステム」へ移行し，資産の特殊性が低い市場型＝「店売り契約型取引」はeMP型＝「鋼材ドットコム」へ移行した理論的な説明として，第3章で論じたコース，ウィリアムソンの所説との関連から，特に資産の特殊性との関連から確認している。第2節では，鋼材の電子取引化による取引費用節減効果をa.情報・探索費用，b.交渉・決定費用，c.監視・強制費用に関して，従来型と比較して，どのくらい節減されたかを数量的に分析している。また鋼材取引に関する情報流の変化を分析し，情報流の多様化，情報収集のプロセスがプッシュ型からプル型への変化，各参加プレーヤの役割変化を確認している。第3節では，企業間の電子商取引化における官民の役割分担について，「鉄鋼ECシステム」の構築において旧通商産業省による財政的な補助が大きな役割を果たした事例から，中間組織型の電子商取引システム構築には特殊な専門的業界知識を要するため，「鋼材ドットコム」のようなソリューションパッケージの援用では解決できないとし，「民主導・官補完」の立場を確認しつつも，政府による財政的な支援が必要であると提言している。

第1章　企業活動の情報化

　近年のコンピュータやインターネットをはじめとする情報通信技術の発展・及は，社会全体に急激な変化をもたらしている。これがいわゆる情報技術（IT：Information Technology）革命であるが，その影響は行政から経済活動，家庭生活にいたるまで多岐にわたっている。

　このような大きな社会的潮流は，2003年12月，スイス：ジュネーブで開かれた世界情報社会サミット（54ヵ国の政府首脳，83人の情報通信大臣等，176ヵ国，約2万人が参加）においても，「情報技術は，政治的，社会的，文化的にますます重要な役割を果たす」という認識の下で開催されていることからも明らかである。

　この会議では情報社会に向けて，①「持続可能な開発と生活の質の向上を可能とする情報社会の構築」，②「情報技術は生産性を向上させ，経済成長の原動力となり，雇用を創出するなど，いっそうの発展のために新しい機会を提供」，③「デジタル・ディバイドの解消が必要」，という共通ビジョンの確立を図り，そのビジョン実現のための情報社会の鍵となる11原則と，世界的な情報技術の10の行動計画を挙げている。

　この行動計画の実現は第2フェーズからの本格化となるが，情報技術が及ぼす影響について世界的に注目が集まっているという好例である。

　一方，わが国においても，PC，インターネットの爆発的な普及とそれに伴う電子商取引や新しい情報メディアの普及，政府によるIT関連予算の大幅増額や電子政府化・電子自治体化の実現など，既に様々な変革がみられる。

　こうした情報技術革命を概観すれば，基礎部分と応用部分に分けることができる。IT（情報技術）とCT（通信技術）が基礎部分をつくり，これらの技術がインターネットを有効化し，その上でビジネスとコミュニケーションが

行われる応用部分をつくっているといえる（図表1-1-1）。

　より詳しくみると，基礎部分のITには，ハードウェア（PC・プリンタ・モデムなど）とソフトウェア（基本ソフト・アプリケーションソフトなど），そしてサービス（ITコンサルティング・教育・IT訓練など）が含まれ，OECDはこの部分を「情報技術」であるとしている。

　またCTには，パブリック・ネットワーク機器（交換・伝達・モバイル通信インフラなど）とプライベート・ネットワーク機器（電話機・PBX[1]・モバイル機器など），そして通信サービス（電話サービス・携帯電話サービス・CATVサービスなど）が含まれ，このCT部分と前述のIT部分を合わせた基礎部分を，日本および米国では情報技術として広義に捉えている。これがIT革命をICT（情報通信技術）革命とも称する所以である。本著では，IT（情報技術）とCT（通信技術）が基礎部分を形成し，近年の情報通信技術の発展を支えていることから，以下ではITを広義に捉え情報通信技術とする。

そして，これらの技術がインターネットを有効化し，併せて情報技術基礎部

図表1-1-1：情報通信技術と社会・産業への応用

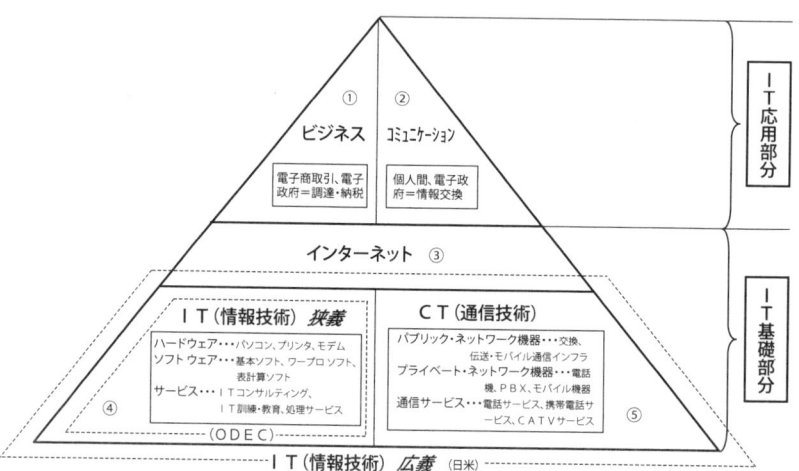

注：日本経済政策学会第58回大会「共通論題：経済政策からみた『IT戦略』」を参考に筆者作成。

第1章　企業活動の情報化

分を形成している。

　一方，応用部分はこうした基礎部分に支えられ，ビジネス（電子商取引・電子政府（調達・納税）など）とコミュニケーション（個人間・電子政府（情報交換）など）を可能にし，今日の情報社会を形成している。

　換言すれば，今日，巨大なマーケットを形成する電子商取引は，その情報技術基礎部分であるITとCT，そしてインターネットの普及・発展がなければ，応用部分のビジネス＝電子商取引は成り立たないといえる。

　では，第2章第1節にみるように，電子商取引の定義を「文字・音声・画像等のデータの電子的な処理や電送を基礎とするあらゆる形態の企業間商取引」とすれば，企業・企業間取引の情報化はどのように進んできたのか，また近年の情報通信技術の発展が企業にどのような影響を与えるのであろうか。

　以下では，企業組織の情報化，企業間取引の情報化，そして多種多様な形態が存在する電子商取引＝ビジネス部分に対し，IT基礎部分の発展がどのような影響を与えたかをみる。

第1節　企業組織の情報化

　企業組織および企業間取引の情報化は，ネットワーク技術の大幅な進歩とPCの低価格・高性能化という情報通信技術の発展により，加速度的に進展している。しかし企業の情報化という流れは近年に始まったものではなく，1960年代より各企業が競争優位を確立する方策として企業組織の情報化が進み，さらにネットワークを利用した企業間取引の情報化へと進んだ。これが近年の情報通信技術革命の土台となっている。

　企業組織における情報化を情報機器の導入からみると，1960年代のコンピュータ導入から始まったといえる。しかし，大企業であってもコンピュータは企業に1台しかなく，スタンドアロン・オフラインの状態であった。1970年代にはいると，中央の大型コンピュータ（メインフレーム）に多数

の端末を接続して，1台のコンピュータを多数の人が共同利用するTSS（Time Sharing System：時分割方式）の実用化が始まった。

そして1980年代に入るとPCが普及しはじめ，企業組織でもPCを端末として使うようになった。これにより，ホストからデータをPCに転送して，PCで多様な加工編集をするホスト－PC連携の利用形態が普及してきた。大量データの処理はホストで行い，グラフ化やレポート作成といったヒューマン・インタフェースの部分はPCのアプリケーションソフトを利用するという方式が可能になった。

さらに国際標準あるいは業界標準に基づいたハードウェアやソフトウェアの「オープン化」が進み，メインフレームを利用するよりも多数のPCやワークステーションを用いた方が費用的に有利になる「ダウンサイジング」の流れに進む。

しかし，多数のPCをスタンドアロンで用いたのでは，各々のPCの能力は低く，またデータやソフトウェアを共有することができない。こうした問題を解決するために，各PCをネットワークで接続するLAN（Local Area Network：構内通信回線網）が構築された。LAN構築にあたっては，一般の回線にくらべて，自社内やビル内での回線は自由に使えるため，急激に普及した。このLANシステムは，従来のホスト－端末系では利用者は分散設置された端末を使い，メインフレームで集中処理されていたものを，クライアント・サーバとも利用部門に設置し，分散処理されることになった。

こうしたCSS環境[(2)]の普及により，電子メールや電子掲示板で代表されるグループウェアが発達した。グループウェアの普及により，PCは「計算をする」機能から，文書や画像などの「情報を伝送・共有する」＝コミュニケーション機能へと広がった。

そして，1990年代中頃からのインターネットの急速な普及により，そのインターネット技術をCSS環境などの社内ネットワークに適用したのがイントラネットであり，近年の企業間の情報化へと繋がっていくのである。

第1章　企業活動の情報化

　一方，企業組織の情報化を企業の情報システム導入の面からみると，やはりコンピュータ導入が始まった1960年代が始まりであるといえる。企業経営への情報システムの導入は，1960年代のデータ処理システムであるEDPS(3)をはじめ，経営管理システムであるMIS(4)，70年代の意思決定支援の対話型システムであるDSS(5)，80年代の競争優位の確立を目的とした戦略的情報システムであるSISなど，情報通信技術の発展に伴い情報システムも進化し，より手に入れやすく役に立つ形で，収集・加工・伝達が可能なシステムへと進展している。また1990年代に入り，ビジネスプロセスを抜本的にデザインし直すBPR(6)が注目を集め，同時に情報通信技術の飛躍的な発展に伴い，企業内だけでなく，企業間でのBPRも進められている。

　企業内情報システムでは，安価な導入費用，簡易な操作方法などのメリットからイントラネットの導入が目覚ましい。この情報システムは，従来の閉鎖性，階層性，他律性という企業組織から，開放性，平等性，自立性を持つ企業組織へと変化させる。同時に企業組織において共有されるべき情報，定型化し言語化できるデータ情報だけでなく，ナレッジ（知識）やノウハウ（智恵）の共有も可能にする。また，代表的な機能である電子メールは，企業内での従来の情報伝達リレーを不要にすることによって時間節約を実現し，組織階層を越えて情報を伝達することで，情報フローの面でのフラット組織を実現する。さらに，これまでの「その意思決定について権限を有する者が決裁承認をおこなう」というスタイルから「その意思決定に関与する者が意見提出を行う」というスタイルに変革する。イントラネットは，データベースや電子メールによって，「情報共有」と「意思決定」のビジネスプロセスを，そしてグループウェアによって「協働作業」のビジネスプロセスを変革していく。

　こうした企業の情報システムおよび企業内情報ネットワークは企業組織に大きな影響を与えている。ここでは企業組織に導入された情報システムのなかでも，特にインパクトの大きいSISおよびCIM，CALSを取り上げ，企業組織の情報化から企業間取引の情報化への変遷をみる。

13

1．SIS

　SIS（Strategic Information System：戦略情報システム）とは1980年代にDSSの発展形として提唱されたコンピュータシステムで，それまでは経営者のためのものであった情報システムを一般従業員の利用を可能にし，また企業間ネットワークを構築したりする点でDSSよりも進化している。

　城川［1996］の分析では，「M．ポーターやW．マクファーランらによる定義によれば，「企業にとって他社との競争関係において，業界の競争要因を変えるほどの競争優位を創出できる戦略的に重要な情報ネットワークシステム」としている。戦略的情報システムと訳されるこのシステムは，どのような戦略から競争優位をつくりだすのであろうか。ここでは，ポーターによる3つの競争優位の戦略のそれぞれが，情報ネットワークシステムによってどのように達成されるかをみる。

　①コスト・リーダーシップ戦略：この戦略は，企業がライバル企業に対して優位性を確保するために，ライバル企業よりも低い費用で製品を顧客に提供できることが必要であることを要求している。しかも，費用削減は品質やサービスの質を低下させないで行わなければならない。POSによる小売店の在庫の削減を挙げることができる。

　②差別化戦略：企業における差別化の対象となるものは，品質，機能，サービスなどであるが，そのなかで，特に情報ネットワークシステムによる差別化にとって重要な対象は，広義のサービスである。ここで広義のサービスとは，いわゆる第3次産業に属する業種における付加価値を指している。例えば，物流システムのフェデラル・エクスプレス社は，宅急便を翌日中に確実に配達するシステムを展開しており，情報ネットワークシステムの有効利用により実現している。日本でもヤマト運輸が同じシステムを構築して成功した。

　③集中戦略：これは，費用と差別化の両方に関係する戦略である。したがって，集中戦略には費用集中と差別化集中がある。いずれにしても，企業の

資源を特定の範囲の対象に絞り込むことである。つまり，企業の戦略ドメインを狭い範囲に定義することである。そのことによって，コスト優位と他社に対する差別化が達成される。たとえば，通信機器メーカーのユニデンは，主力製品を民生用無線機器，コードレス電話，サテライトレシーバーに限定し，市場の変化に生産活動を機敏に対応させて費用優位性を確保してきた。このことによって，グローバルに展開した企業活動のための調整を最小限の情報アイテムで可能とする，いわゆる「フォーカス・ネットワーク」の構築に成功した。」（城川[1996], pp.84-86.）

2．CIM

　CIM（Computer Integreted Manufacturing：コンピュータによる統合生産）とは，製造業における研究開発，生産，販売の3つの業務を情報システムによって統合し，戦略的な経営を可能にするシステムである。製造情報，技術情報，管理情報といった生産現場で発生する各種情報をコンピュータシステムによって統括し，生産の効率化を推進する。元々は企業の製造部門と販売部門をネットワークで接続し，データを共有して企業活動の効率化を実現するシステムが考えられていた。

　城川[1996]の分析では，「CIMは，製造業におけるSISである。CIMという言葉自体は1970年代に米国で生まれた。わが国では1980年代後半から頻繁に使われるようになる。CIMはFA[7]の発展した型として，開発から製造，販売にいたる3部門をコンピュータを使った情報ネットワークで統合し，一括管理するシステムである。CIMは，戦略的に全社的な経営効率アップを目的としており，その手段として，各部門の情報化とその情報の共有のために，各部門・本社・工場を結ぶWAN[8]，LAN，コンピュータ，データベースなどのシステムを必要としている。販売部門で発生した顧客の注文情報は，生産部門へ伝えられるだけでなく，顧客全体の販売傾向や嗜好の変化などニーズ情報として研究開発部門にフィードバックされる。一方，生産部門は，研究開発部門による部品・製造ラインの効率的設計により単位時間あたりの

製造時間を短縮し，タームベースマネジメントに貢献することになる。しかし，生産・販売型のCIMの事例は多くみられるものの生産・販売・研究開発部のトライアングル型のCIMの事例はまれである。

CIMの定義にはいろいろ解釈があるが，戦略性を抜きにしては考えられない。ここでは代表的なCIMの考え方である日本IBMのコンセプトを概観する。

まず，CIMアーキテクチャーの5つの基本概念について説明する。第一は「エンタープライズ・モデリング」で，これは企業体のビジネス・プロセスと情報の関連性をモデル化したものである。実際の企業の中の仕事の流れをモデル化していくと，仕事は，要求と仕事を流れる順序の情報（プロセス情報）で記述できる。エンタープライズ・モデリングとは，製造業を構成するさまざまな要素（目的，資源，技術，機能など）を抽出して，その相関関係とデータの流れを標準化したものである。

第2は「リポジトリー/データストア」で，これは広範な業務分野にわたるデータを総合管理するデータベースである。システムを統合するには，企業内外で扱う様々なデータに，どの事業のどのアプリケーションからでも容易にアクセスできることが必要である。このデータベースはリポジトリーとデータストアから構成されている。リポジトリーとは，共有データ（図面，イメージ，文書など）を一元的に管理する役割を持っており，ここには各種のデータの定義や保管場所，さらにはデータ要素間の関連データやアプリケーションの見方などが蓄えられる。このリポジトリーを経由することにより，情報システムの利用者は自分の必要とするデータをそれがどのようなかたちで保管されていようとも，つねに容易に入手できる。この新しい概念の下では，実際に共有データを保管する場所を総称してデータストアという。

第3は，「ビルド/ランタイム」で，これはシステム開発時（ビルドタイム）・実行時（ランタイム）の支援環境の体系化である。ビルドタイムは，エンタープライズ・モデルに関する機能，資源，組織などの定義，すなわち，①ビジネスモデルの定義，②エンタープライズ・データの定義，③アプリケーシ

ョン，ユーザービューなどの定義をあらかじめリポジトリーに総合的に蓄えておくことにより，各種のアプリケーションの開発を容易にし，またビジネスモデルに変更が生じても，個々のアプリケーション・プログラムを書き換える必要はほとんどなくなる。ランタイムは，アプリケーションの実行を支援するためのものである。

　第4は，「レイヤー・ストラクチャー」で，これはアプリケーション開発構造の階層化である。レイヤー・ストラクチャーは，複数のアプリケーションで利用される汎用のサービス機能を2種類の支援ソフトとして階層化している。

　……第5は，「データ・コミュニケーション」で，これはさまざまな通信手順への柔軟な対応を可能にする。CIM環境においては，さまざまな種類のデータ転送が行われる。」（城川［1996］，pp.103-105.）

3．CALS

　CALSの定義・範囲については，情報通信技術の進歩の都度，大きく変わってきている。第1期のCALSは米国国防総省が兵器の生産性，品質の向上をねらい，生産・利用の現場および世界の工業生産の実状を調べて提言を行った中から生まれている。プロジェクトの活動にかかわる全ての情報を電子化し，情報の共有・再利用を図り，生産性の向上，信頼性の向上，利便性の向上を図るというこの概念である。兵器に関するロジスティックに使用することからComputer Aided Logistic Support：CALSと呼ばれ，成功を収めている。

　その後，民間でもCALSを採用しようという気運が高まり，新たにContinuous Acquisition and Life-cycle SupportとCALSの省略形は変えずにフルネームの変更が行われた。この民間CALSは「製品のライフサイクルにかかわる全ての人が，ライフサイクルにわたって発生する全ての情報を電子化・デジタル化し，組織が必要な情報を共有・再利用することにより，業務，製品の品質および生産性を向上させ，ライフサイクル全体でのコストの低減，

期間の短縮，品質の向上を図る」と定義される。これがCALSの第2期である。しかし一部実現化したシステムはみられたものの民間ではCALSの具体例がなかなか実現せず，完全なCALSの民間での大幅な普及にはいたらなかった。

　そして1990年代，インターネット技術を中心とした情報通信技術の発展により電子商取引が急速に普及する。企業消費者間電子商取引だけではなく，企業と企業の電子的な商取引であるB to B（Business to Business）電子商取引の概念の整理により，電子商取引はCALSを内包する形となった。第3期であるCALSはCommerce At Light Speedとフルネームを変更しながら，電子商取引と共存する形で発展解消へと向かっている。

第2節　企業間取引の情報化

　近年の情報通信技術の発展を背景にして，電子商取引，特に企業間のそれは市場規模も大きく，社会に与える影響も大きい。しかし，こうした巨大市場の誕生は突然のものではなく，前節でみたようにインターネット普及以前からの企業における積極的な情報化への取り組みが発展する形で，企業間の情報化が進んだといえる。

　ここで企業間取引と情報化の関係をみれば（図表1－2－1），最も古典的な企業間商取引は，受発注業務に際し，各種の帳票や伝票といった紙ベースで情報交換を行う労働集約的なプロセスであった。

　その後，コンピュータの汎用化に伴い，発注企業がコンピュータを利用して出力帳票を作成し，受注企業がそれをコンピュータへ再入力したり，磁気媒体（FD等）に出力して渡し，受注企業のコンピュータに入力する方法がとられるようになった。ここでは，アナログ（紙ベース）からデジタル（コンピュータ）を利用した商取引へと変化している。

　さらに，情報化が進むと，コンピュータとコンピュータを結んだ通信回線上で直接にデータの交換が行われるようになる。また，取引先ごとに専用端

末を設置しなければならない「多端末現象」や，取引先ごとに異なる形式のデータを自社システム用に変換しなければならない「変換地獄」等の問題を解決するために，広く合意された標準に基づいてデータを交換するEDI (Electronic Data Interchange) を用いて商取引が行われるようになった。ここでは，オフライン（コンピュータを使った出入力）からオンライン（通信回線）を利用した商取引へと変化している。

時永［2001］によれば，「EDIとは製品やサービスなどの取引に関する情報をネットワークで伝送することであり，電子データ交換とよばれている。EDIを実施するには，データ交換を行うためのデータの形式や伝送の方法を決める必要があり，EDIのための規格がさだめられている。これをプロトコルとよび，EDIのためのメッセージの書き方をさだめたものをシンタックスルールと言う。これを簡単に言えば，次のような情報をメッセージの，どこに，どのような記号で格納するかを決めたものである。

その範囲は，商品の受発注の実施にとどまらず，契約実行，物流管理，在庫確認，商談実施，請求と支払，販売促進にまで及んでいる。また，金融機関では独自に発達してきた経過があり，振込入金通知，残高照会，入出金取引明細確認，総合振込などで利用されている。EDIを構成する要素について表に整理している[9]。すでに世界各国でEDIに準ずる電子的な取引は実施されているが，これが業界単位にとどまっているなどの問題があり，国際規格を含めて全体で共通する交換基準を作成することに目的がある。」（時永［2001］, p.82.）としている。

こうしたEDIは，大手小売業においては販売，在庫管理，仕入のシステムと連動して在庫の低減や物流の自動化などによる費用削減を実現し，大手製造業においては製品の生産量変動に即応した部品調達等で成果を上げた。しかし，EDIを導入するには，自前の通信ネットワークおよびコンピュータのハードウェア，ソフトウェアに大きな投資を必要とし，また，複雑かつ困難な規約の準備・締結が必要であり，EDIの採用や導入の大きな問題となった。

そして，近年，インターネットの普及により，その技術が企業間の取引に利用されるようになる。インターネットは，企業のEDIシステムを構築するのに安価な通信手段を提供する。さらに，世界規模で取引先を開拓する可能性も秘めている。従来型EDIのように契約締結による固有のネットワーク上での継続的な取引でなく，取引条件をオープンなネットワーク上に提示することにより，取引を希望する企業の中から取引相手を選別し契約する形態である。ダイナミックな市場の動きに対応するために，より早く適切な相手との取引関係を確立し，取引を開始する事を可能にするのである。これが企業間電子商取引である。ここでは，クローズド・ネットワーク（継続的な取引関係にある特定企業間とのデータ交換）からオープン・ネットワーク（継続的な取引関係のない企業間のスポット取引や一度だけの取引）を利用した商取引を可能にしている。以上のような，アナログからデジタルへ，オフラインからオンラインへ，クローズド・ネットワークからオープン・ネットワークへの情報化の進展は，交渉・決定・監視といった取引に関する費用＝取引費用を大幅に削減している。

図表1-2-1：わが国における情報化の歴史

1950年代	コンピュータ草創期	
1960年代	情報産業勃興期，情報化社会振興期	情報化の着想とビジョンの提唱
1970年代	情報化の浸透期－「産業の情報化」と「情報の産業化」の飛躍期	コンピュータと通信の技術革新，大型情報処理システムの構築，企業定着期
1980年代	情報化の新たな展開期－パソコンとネットワークの普及期	小型高性能化，通信自由化による広がり，産業からパーソナル分野へ
1990年代	インターネットの普及期－インフラ整備と電子政府，電子商取引の発進	ユーザーの裾野の拡大，グローバル化，経済社会変革の推進力としての役割

出所：日本情報処理開発協会・JIPDEC編[1999]，p.29. より作成。

第1章　企業活動の情報化

第3節　情報通信技術と企業

1．情報通信ネットワークの展開

　第1章第1・2節でみるような企業組織，企業間取引の情報化は情報通信技術の発展によって進み，また今日のインターネット技術の普及によって，より盛んになっている。こうしたわが国におけるインターネットの商業利用は1990年代初頭から始まり，1997年には，1,155万人，2000年には5,593万人，そして2003年には7,730万人とその利用者は年々増え続けている。また2002年には，人口普及率は54.5％とはじめて半数を超え，まさに単なる普及から更なる発展へと展開しているといえる（図表1－3－1）。

　また，インターネットの世帯普及率についても2003年末には88.1％に達しており，企業普及率についても98.2％と，既にほとんどの企業で利用している。事業所普及率では82.6％と2001年と比較し14.6ポイント以上も増加し，事業所でのインターネット利用がますます一般化している（図表1－3－2）。

　こうしたインターネットの爆発的な普及であるが，インターネットを支え

図表1－3－1：インターネット利用人口および人口普及率の推移

（年末）	1997	1998	1999	2000	2001	2002	2003
利用人口（万人）	1,155	1,694	2,706	4,708	5,593	6,942	7,730
人口普及率（％）	9.2	13.4	21.4	37.1	44.0	54.5	60.6

出所：総務省［2004b］，p.2を基に加工。

図表1－3－2：世帯・企業・事業所でのインターネット普及率の推移（％）

（年末）	1997	1998	1999	2000	2001	2002	2003
企　業（300人以上）	68.2	80.0	88.6	95.8	97.6	98.4	98.2
事業所（5人以上）	12.3	19.2	31.8	44.8	68.0	79.1	82.6
世帯普及率	6.4	11.0	19.1	34.0	60.5	81.4	88.1

出所：総務省［2004b］，p.2を基に加工。

る情報通信ネットワーク環境の進展の影響が大きい。

　わが国の情報通信ネットワーク環境は，従来型の電話回線やISDN回線による数10kbpsの通信回線（ナローバンド）環境から，光ファイバーやCATV，xDSL(10)などの有線通信技術をはじめ，FWA(11)，IMT-2000(12)といった無線通信技術による500kbps以上の通信回線（ブロードバンド(13)）環境へと移行しつつある。

　こうした情報通信ネットワーク環境の進展は，インターネット利用の高度化により，社会経済構造の変化を促進し，「高度情報通信ネットワーク社会」への移行を実現する観点から，ネットワーク基盤整備が進められてきたことに起因する。

　より詳しくみれば，2001年1月，森喜朗総理を本部長とする「高度情報通信ネットワーク社会推進戦略本部（IT戦略本部）」第1回会合において，わが国のIT革命推進のための「e-Japan戦略」が決定された。この「e-Japan戦略」に基づき，ブロードバンドインフラの整備が進み，「少なくとも高速インターネットアクセス網に3,000万世帯，超高速インターネットアクセス網に1,000万世帯が常時接続可能な環境を整備する」という利用可能環境整備の目標が設定され，この当該目標は達成されている（2004年2月時点）。

　こうした有線技術ブロードバンド回線契約数は，1,495万契約（2003年度末）となっている。電話回線に専用のモデムをつけて利用するDSL契約数は2003年度末に1,120万契約に達し，ブロードバンドサービス利用の拡大を牽引してきた。従来，最大1.5Mbps程度から20Mbps程度のサービスが提供されていたが，2003年11月には最大40Mbps程度のサービスも開始され，超高速インターネットアクセスの提供も可能となってきている。

　CATV網を利用したインターネット接続サービスであるケーブルインターネットの契約数についても2003年度末に258万契約となり，着実な普及を続けている。DSL，FTTH(14)等との競争が進む中で，30Mbpsの高速サービスやIP電話サービスを提供する事業者も出てきており，ケーブルテレビ事業者の自主放送や地上テレビジョン放送の再送信等の映像配信とあわせた，フルサービス化が進展している。

第1章　企業活動の情報化

図表1-3-3：ブロードバンド契約数の推移　　（万契約）

（年度末）	1999	2000	2001	2002	2003
無線（FWA等）		0.09	0.8	3	3
FTTH		0.02	2.6	31	114
ケーブルインターネット	22	78	146	207	258
DSL	0.02	7.1	238	702	1,120
合　計	22	86	387	943	1,495

出所：総務省［2004c］, p.4.

　FTTHは，DSLやケーブルインターネット以上に高速な通信が可能な超高速ネットワークであり，2003年度末の契約数は114万契約となり，2002年度末の31万契約に比べ，3.7倍に増加している（図表1-3-3）。

　また，上記の有線通信技術によるブロードバンド（FTTH，DSL，ケーブルインターネット）をはじめ，無線通信技術によるブロードバンド（FWA等）を合わせた利用人口は，2003年末で2,607万人（対前年度比33.4％増。人口普及率は20.4％）であり，またブロードバンド利用者はインターネット利用人口7,730万人中33.7％を占め，広く利用されている。超高速および高速インターネットアクセス網は着実に構築されつつある。

　こうした急速なブロードバンド普及の要因には，ブロードバンド料金の低廉化がある。各国のDSLおよびケーブルインターネットの料金を100kbpsあたりの料金に換算し比較すると，わが国の料金は国際的にみても最も低廉な水準となっている。

　しかし，このようなブロードバンド料金の低廉化は2001年以降のものであり，IT戦略会議の第6回合同会議では，わが国のIT革命への取り組みの遅れが指摘されている。特に，インターネット普及の遅れについて，地域通信市場における通信事業の事実上の独占による高い通信料金と利用規制がその要因であるとしている。

こうした制度的問題によるインターネット普及の遅れを取り戻すべく，ブロードバンド市場を競争的にし，その結果，低廉な料金が実現したことを忘れてはならない。DSLの契約数に占めるNCC[(15)]のシェアは，2003年度末には63.5％となっている。

　ブロードバンドの普及状況について国際比較すると，2002年において契約数ではわが国は米国の1,988万契約，韓国の1,013万契約に次いで第3位となっている。ブロードバンド契約数の人口普及率では，韓国が21.3％と突出して第1位であり，わが国は第9位となっている。

　IT応用部分であるビジネス，特に電子商取引の進展について，日本の情報通信ネットワーク環境整備は重要な要素であり，まさに超高速および高速インターネットアクセス網の構築は，利用者にとって魅力ある新しいアプリケーションの提供を実現可能にしている。

2．企業の情報化の展開

　インターネットアクセス網の低廉・高速化，および各種端末の低廉・高機能化は，企業での情報通信インフラの整備を進め，その進展は普及の段階から更なる高度化の段階へと移行しつつある。事業所におけるインターネット普及率は，1998年には19.2％であったのが，2003年末には82.6％と4倍以上となっている（図表1-3-2）。

　さらにインターネットアクセス網の低廉・高速化は，事業所のブロードバンド普及にも影響を及ぼしており，2003年末にはインターネットを利用している事業所のうち，ブロードバンド回線を導入している事業所の比率を合計すると，42.7％に達している（図表1-3-4）。

　さらに，企業間通信網の構築状況においても，2003年末には全企業の59.3％が企業間通信網を構築している。特に全社的に構築している企業が34.2％（対前年比11.5ポイント増）と大きく伸びており，企業間通信網は単なる普及の段階を越えて，より深い活用が進んでいる（図表1-3-5）。

　e-Japan戦略をはじめ，わが国における情報通信ネットワーク環境整備へ

第1章　企業活動の情報化

図表1−3−4：事業所におけるインターネットアクセス回線別利用率　　（％）

	電話回線（ダイヤルアップ）	ISDN	専用線	ケーブルインターネット	DSL	光ファイバ	無線（FWA等）	ブロードバンド回線合計※
2001年末	14.8	55.2	11.8	6.5	6.9	1.6		15.0
2002年末	11.1	48.6	9.0	5.4	11.7	4.5	0.1	21.7
2003年末	10.9	34.9	8.9	5.7	20.0	16.3	0.7	42.7

出所：総務省[2004b], p.33を基に加工。

図表1−3−5：企業間通信網の構築状況の推移

（年末）	2001	2002	2003
全社的に構築	18.3	22.7	34.2
一部の事業所又は部門で構築	22.1	31.7	25.1
合　　計	40.5	54.4	59.3

出所：総務省[2004b], p.33. を基に加工。

　の取り組みにより，高速かつ低廉なインターネットアクセス網が構築され，IT応用部分であるビジネスおよびコミュニケーションに大きな影響を与えている。特にビジネスに関しては，そのネットワーク環境を活用している多くの企業に対してメリットを与えている。各企業は，「業務スピードの向上」に高いメリットを感じているほか，「ブロードバンドによって初めて情報通信システムが導入可能になった業務分野がある」とし，情報通信技術基礎部分であるITとCTの進展が応用部分であるビジネスに大きな影響を与えながら支えている構図を示唆している。

　では，第4章で事例研究として取り上げる鉄鋼業界の情報化はどのように進んだのであろうか。企業組織の情報化をみれば，高炉メーカーの場合，生産システムの改良にあたって銑鋼一貫体制という生産技術・設備の面から，電炉製鋼法との分業や高炉法にかわる新たな製鉄技術の開発など技術の大幅な組み替えではなく，現在の高炉法・転炉法による銑鋼一貫体制自体を

FMS化やCIM化し，生産システムの向上にあたっている。鉄鋼業では1965年頃より事実上CIMの概念の萌芽がみられる。[16]

　また，企業間取引の情報化については，1968年には社団法人 鋼材倶楽部帳票コード委員会により鋼材取引情報の標準化が進められている。1970年には高炉メーカー・商社間で用いる注文書／送状／請求書の記載項目の内，57項目の内容定義，コード，略号，記入要領の標準化である「標準項目・コードの手引き」が策定されている。

　1971年には，「送状兼請求（磁気）テープフォーマット」，「請求単価金額の算出方法」，「鋼材の重量計算方法（第1期分：鋼板・条鋼・鋼管）」の標準化が進められ，1978年には「輸出鋼材の標準オファーシート」の作成，1979年には「注文書推奨モデル」の作成，1981年には「鋼材の重量計算方法（第2期分：溶融亜鉛メッキ鋼板，ブリキ，ブリキ原板）」の標準化，1982年には「特殊鋼注文書推奨モデル（国内・輸出）」の作成が進められ，業界標準を取り決め，実用を図っている。

　その後，通信の自由化や情報通信技術の急速な発展を背景に，1991年には通商産業省と共同で「鉄鋼ネットワーク研究会」を設立し，鋼材取引のEDI化の研究および鉄鋼標準作成作業（鉄鋼メーカー6社，商社7社）が開始した。

　1993年には，標準化の一次原案である「鉄鋼EDI標準-Ver.0」の作成，1996年には，関係業界とのEDI利用の普及・拡大がすすみ，さらにはEDI分野におけるインターネット技術の活用の進展にあわせた情報伝達・表現規約の見直しを行っている。

　こうした他業界に先駆けた鉄鋼業界の情報化は，大手企業を中心に発展していることを指摘できる。企業間電子商取引においても同様に，1996年，高炉メーカー6社〜大手電機メーカー4社を中心として電子商取引システム：「鉄鋼ECシステム」が政府のバックアップの下に開発運用され，成果を収めている。一方，中小企業ではEDI普及時より，通信ネットワークおよびコンピュータのハードウェア，ソフトウェアに大きな投資を必要としたため，費

用面から参加は困難であった。

　近年，情報通信技術が発展し，インターネット技術が安価な通信手段を提供するになり，また各企業へPC等のハードウェアが導入されるようになってようやく，中小企業における企業間の電子商取引化が進む。鉄鋼業界では2000年，鋼材ドットコムが中小企業の利用する電子商取引システムを提供し，成功を収めている。鉄鋼業界にみるように，大企業と中小企業の電子商取引導入には4年間の差があり，中小企業はインターネットの社会的普及があってようやく，企業間の電子商取引化が進んだことを指摘できる。

注
（1）private branch exchange. 事業者などの電話加入者が設置し，外線電話と内線電話および内線電話同士を交換・接続する装置。構内交換装置。
（2）client server system. コンピュータでファイル管理・通信・印刷などのサービスを提供するコンピュータシステム（サーバー）とサービスを受け取る多数のPC・ワークステーションなどのシステム（クライアント）から構成され，分散処理を行うシステム。
（3）electronic data processing system. 電子情報処理システム。中央にコンピュータを中心とした一連の情報処理装置を置き，各支店・各窓口などとオンラインで結んだ総合的な情報処理の組織網。
（4）Management Information System. 経営情報システム。1970年代に経営管理のために導入されたコンピュータシステム。また，その運用を専門に行う部門を指す。
（5）Decision Support System：意思決定支援システム。1970〜80年代に，MISの発展形として提唱された経営管理のためのコンピュータシステム。エンドユーザが直接コンピュータを操作して情報を取得する。
（6）Business Process Reengineering. 企業活動に関するある目標(売上高，収益率など)を設定し，それを達成するために業務内容や業務の流れ，組織構造を分析，最適化すること。たいていの場合は組織や事業の合理化が伴うため，高度な情報システムが取り入れられる場合が多い。
（7）筆者脚注。factory automation. コンピュータ導入による工場の生産システムの自動化・省力化・無人化。

（8）筆者脚注。wide area network. 広域ネットワーク。公衆回線網を利用し，LANを接続したコンピュータ・ネットワーク。
（9）筆者脚注。この表では，EDIの構成要素として以下を示している。「①シンタックス（構文規則であり，EDIメッセージの組み立て方法を示したもので，データルール，タグの並べ方，メッセージの先頭末尾に付加するデータの規定），②標準メッセージ（データの配列を規定したもので伝票の全体の様式を規定する。1つのEDIメッセージに含めることができるデータエレメントを示す），③データエレメント（業務処理の情報の単位で伝票の項目に相当），④データエレメント・ディレクトリ（EDIメッセージの中で用いるデータエレメントをすべて集めてリストにしたもの，データエレメントの名称，使用可能な文字，最大データ長を示す），⑤データタグ（データエレメントの意味や属性を示す記号）。」(時永[2001]，p.83.)
（10）x digital subscriber line. 電話の加入者線を利用した高速データ伝送技術の総称。ADSL や HDSL がある。
（11）Fixed Wireless Access. 無線による加入者系データ通信サービスの方式の一つ。22GHz，26GHz，38GHzの3つの周波数帯を使用し，数Mbpsから数十Mbpsの高速なデータ通信を行うことができる。同じ方式を指して「WLL（Wireless Local Loop）」と呼ぶこともある。
（12）International Mobile Telecommunication 2000. 国際電気通信連合(ITU)が2000年の規格制定を目標に標準化を進めた次世代携帯電話の方式。2GHzの周波数帯を使い，有線電話並みの高音質の音声通話や最大2Mbpsの高速なデータ通信，高速なデータ通信を応用したビデオ電話などの各種の通信アプリケーションを実現している。
（13）ブロードバンドについては明確な定義はないが，e-Japan戦略によれば，DSL，ケーブルインターネットのような音楽データ等をスムーズにダウンロードできる程度の回線容量を持ったインターネット網を「高速インターネットアクセス網」とし，10～100Mbps以上の回線容量を有するFTTHのような映画等の大容量映像データでもスムーズにダウンロードできるインターネット網を「超高速インターネットアクセス網」としている。
（14）Fiber To The Home. 光ファイバーによる家庭向けのデータ通信サービス。元来，一般家庭に光ファイバーを引き，電話，インターネット，テレビなどのサービスを統合して提供する構想の名称だったが，転じて，そのための通信サービスの総称として用いられるようになっている。

第 1 章　企業活動の情報化

(15) New Common Carrier. 1985年の通信自由化により新規参入した第一種電気通信事業者の総称。自由化直後は，京セラなどを母体とする第二電電（DDI），JRなどを母体とする日本テレコム（JT），日本道路公団などを母体とする日本高速通信(TWJ)の3社を指していた（その後TWJはKDDに吸収）。2000年にDDIとKDDは合併し，KDDIとなっている。

(16) flexible manufacturing system. フレキシブル生産システム。少品種大量生産を目的として設計されていたオートメーション・システムを，多品種少量生産にも対応できるようにしたもの。NC工作機械・ロボット・自動搬送装置・自動倉庫などを有機的に結合し，コンピュータによって集中管理して構成する。

第2章　企業間電子商取引の実際

第1節　企業間電子商取引の定義

　前章ではIT応用部分の「ビジネス」を電子商取引と同義で捉え，企業組織の情報化，企業間取引の情報化，そして情報通信技術と企業との関係をみた。ここでより電子商取引を詳しくみるならば，その定義については，国際機関，各国政府や専門家らの広狭様々な定義がある。

　OECDが発表している電子商取引に関する各報告書では，それぞれ電子商取引に関していくつかの解釈や定義が挙げられている。*Electronic commerce*（OECD [1997a]）では，民間部門の上級エキスパート・グループが民間企業や政府機関へのインタビューを踏まえ，電子商取引発展のためにとるべき政府の活動についてまとめている。この報告書では，「電子商取引とは，一般には，文字・音声・画像等のデータの電子的な処理や電送を基礎とするあらゆる形態の商取引のことをいう。……電子商取引に参加する経済主体は，企業，政府や個人であり，電子商取引とは，それぞれの経済主体内および経済主体間で行われる商行為である」（同p.8.）と述べられている。この報告書の定義は，初期の定義として，様々な国際機関や組織による報告書でもたびたび引用される。

　また，*Business-to-Consumer Electronic Commerce*（OECD [1997b]）では，OECDの情報コンピュータ通信政策委員会が，1996年までの情報をもとに，企業消費者間の電子商取引を中心に整理している。この報告書では，電子商取引を当事者とネットワークの類型から分類し，当事者別では企業間電子商取引と企業消費者間電子商取引の2つ，ネットワーク別では専用ネットワークとオープン・ネットワークの2つに分類している（図表2-1-1）。

図表2−1−1： 電子商取引の概観

	専用ネットワーク	オープン・ネットワーク
企業間電子商取引	銀行POS 自動手形交換機構 電子データ交換 CALS	インターネット技術を利用した商行為やマーケティング
企業消費者間電子商取引	パソコン通信 ビデオテックス	インターネット技術を利用した商行為やサービス

出所：OECD［1997b］, p. 46.

　専用ネットワークとは，特定のサービス・プロバイダもしくはネットワーク管理組織によって所有かつ運営されるネットワークである。オープン・ネットワークとは，インターネットのように，システム全体を統治する管理者が存在しないネットワークのことである。専用ネットワークには，銀行POS，ACH（自動手形交換機構），EDI（電子データ交換），CALS（生産・調達・運用支援統合情報システム），パソコン通信，ビデオテックスのネットワークなどがある。

　このうちパソコン通信は企業消費者間電子商取引として，ホスト・コンピュータを通して消費者に対し，メール，掲示板，情報提供や商品・サービス販売などのサービスを提供する。ビデオテックスは，ホスト・コンピュータに蓄積されたデータベースの情報を消費者や企業に提供する企業消費者間および企業間電子商取引のサービスである。

　一方，インターネット先進国・米国における電子商取引の定義をみると，1998年に米国商務省がまとめたThe Emerging Digital Economyでは，多数のケーススタディを示し電子商取引のメリットを整理するのみであったが，続編として発表された1999年版では，IT部門の経済全体に及ぼす影響についてまとめている。

　1999年版によれば，電子商取引とは，「インターネットや，その他のオープンなWebベースのシステムに取引を移行させるビジネス・プロセス」＝

第 2 章　企業間電子商取引の実際

Web上のビジネス取引としている。

　この定義では，インターネット上だけでなく，Web技術を用いるイントラネットやエクストラネット上での取引も電子商取引に含まれる。

　また，日本政府における電子商取引の定義では，高度情報通信社会推進本部『電子商取引等の推進に向けた日本の取組み』(1998年) によれば，「インターネット技術を利用した商取引のみならず，コンピュータとネットワークを利用して行われるあらゆる経済主体によるあらゆる経済活動」と広義に解釈しつつも，「個々の検討課題に応じ，必要があれば適宜限定した定義を設ける」としている。また，『通信白書』(1999年) では，「TCP/IPを利用したコンピュータ・ネットワーク上での商取引およびそのネットワーク構築や商取引にかかわる事業」をインターネット・ビジネスと呼び，これをさらに，インターネット・コマース，インターネット接続ビジネス，インターネット関連ビジネスの3つに分けている。

　以上のように，電子商取引の定義については，広狭様々なものがある。以下では，経済主体，ネットワークという観点から，電子商取引の範囲について整理する。

　電子商取引に参加する経済主体として様々な場合が考えられる。電子商取引市場とは，最も狭く捉えれば，企業・消費者間の電子商取引を指している。しかし，多くの議論では，狭義の電子商取引として，企業消費者間電子商取引と企業間電子商取引の両方を考えている。

　他方，企業や消費者以外の経済主体を考慮すると，企業間電子商取引や企業消費者間電子商取引以外にも，企業・政府間，企業・NPO間，NPO・消費者間など，様々な電子商取引市場を考えることができる。これらの市場規模は現段階では小さいとしても，政府自身が資材調達やサービス提供などにおいて電子商取引の取引主体となりつつあるので，企業政府間電子商取引市場や政府消費者間電子商取引市場も今後拡大していくと予想できる。したがって，企業間や企業消費者間だけでなく，その経済主体に，企業，消費者，

政府，国際機関や非営利組織などを含めた広義の電子商取引にも目を向ける必要がある。

　また，電子商取引に用いられるネットワークには，オープン・ネットワークと専用ネットワークがある。インターネットの爆発的普及によって電子商取引が発展してきた経緯から，狭義の電子商取引をインターネット等のオープン・ネットワーク上での商取引とみる。さらに広義の電子商取引では，これに加え，伝統的なEDIやパソコン通信等の専用ネットワーク上での商取引も含まれる。

　ネットワークのオープン性よりも，標準プロトコルやWebなどのインターネット技術の利用に注目した電子商取引の定義も可能である。この場合，不特定多数が参加できるインターネット上での商取引を狭義の電子商取引とすれば，参加者が限定される企業内のイントラネットや特定企業間のエクストラネット上の商取引を狭義の商取引に加えたものが，広義の電子商取引ということになる。

　以上のように，電子商取引の範囲について，狭義の電子商取引とは，インターネットないしオープン・ネットワーク上の企業間電子商取引と企業消費者間電子商取引のことを指している。そして，これらの延長線上に，企業政府間電子商取引や政府消費者間電子商取引，専用ネットワーク上の商取引，イントラネットやエクストラネット上の商取引などが存在する。

　本著では電子商取引の範囲について，その経済主体を広義に消費者，企業として捉えつつも，3節でみる市場規模から企業間による電子商取引を中心とする。またネットワークに関してもイントラネットや特定企業間のエクストラネット上の商取引を含む広義なものとして捉える。

　以上のように，範囲を広義に捉える視点から，本著の電子商取引の定義として，「情報通信技術を利用した，文字・音声・画像等のデータの電子的な処理や電送を基礎とする企業間商取引」とする。

第2節　電子商取引の特徴と市場領域

　前節でみたような電子商取引に参加する経済主体（行政，企業，消費者）を，それぞれ需給に分けるならば，9つの領域を確認できる（図表2-2-1）。これらの領域の中でも，特に，企業間・企業消費者間のそれは，社会に与える影響や市場規模の大きさから，最も注目される領域である。一般に企業間電子商取引，企業消費者間電子商取引はBtoB，BtoCと表記するが，この場合，B（Business）は企業を指し，それぞれC（Consumer）は消費者，G（Government）は行政を指す。また○to×電子商取引（例：BtoC電子商取引）とは，From ○ to ×電子商取引，つまり○から×への電子商取引（企業から消費者への電子商取引）を指している。

　こうした電子商取引の特徴について従来型の商取引と比べると，非対面取引，参入退出の容易性，インタラクティブ性，グローバル性という大きな特徴がある。

　第1の非対面取引は，直接会って契約する従来型の取引と最も異なる点である。通信販売なども非対面取引であるが，これを一層進めたものといえる。そのため，通信販売が発展している米国では，電子商取引を受け入れやすい

図表2-2-1：電子商取引の市場領域

		需要者		
		消費者 (Consumer)	企業 (Business)	行政 (Government)
供給者	消費者 (Consumer)	CtoC	CtoB	CtoG
	企業 (Business)	BtoC	BtoB	BtoG
	行政 (Government)	GtoC	GtoB	GtoG

注：筆者作成。

土壌があったといえる。

　第2に，電子商取引は店舗を物理的に持つ必要性がないため，比較的簡単に店舗を開設できる。参入退出が簡単にできる市場といえる。

　第3に，特にインターネット技術を利用した電子商取引には，インタラクティブ性が存在する。顧客個々に電子メールなどを使って情報を送り，また逆に顧客側の要求も企業側に送ることを容易にする。このようにしてマーケティングを個別にきめ細かく行うことができる。そして顧客それぞれの情報をデータベースに蓄積して活用することを容易にする。すなわち，顧客のニーズに合わせたマーケティング，One to One Marketingが可能となる。これは従来のマーケティングの手法にもあったが，インタラクティブ性を持つインターネットはより活用しやすくなっている。

　第4に，インターネットは世界中と繋がっているために，グローバル化が容易に達成できる。供給者側からみると，顧客は飛躍的に拡大する。需要者側からみると世界中から製品を購入することができる。

　こうした特徴的な性格を持つ電子商取引であるが，細分化し，商取引の分野を取引主体，財・サービス，取引の3つの要素に分け，図示したものが図表2-2-2である。

　図表2-2-2の横軸は，取引主体がデジタルか非デジタルかを示す。例えば，書店は非デジタルであり，オンライン書店は，デジタルである。またオンラインの買い物客はデジタルであるが，店舗を訪れる客は非デジタルである。

　縦軸は，財・サービスのデジタル化の度合いを示す。例えば，新聞は非デジタルであるが，オンライン配信される新聞はデジタルである。

　最後に第3の軸であるが，これは取引プロセスのデジタル化の度合いを示す。店舗を訪れることは，非デジタルなプロセスであるが，Web上での検索はデジタルプロセスである。

　従来型の商取引は，この3つの要素はすべて非デジタルであり，左下の立

第2章　企業間電子商取引の実際

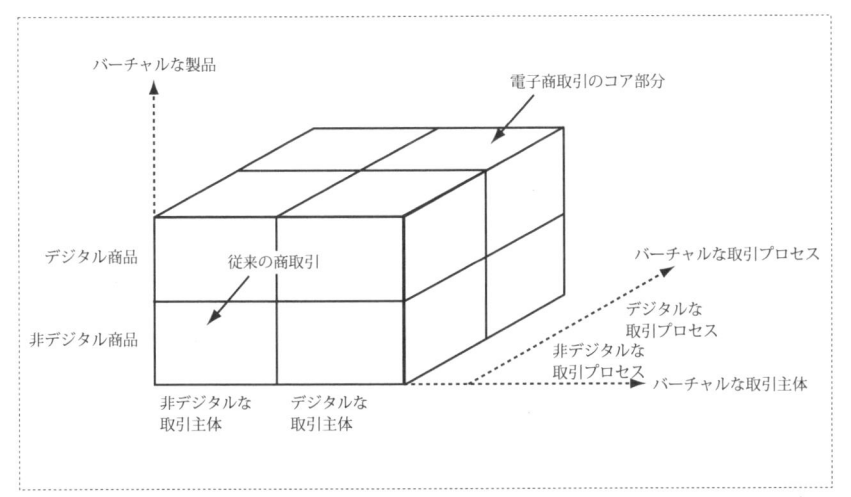

図表2−2−2：電子商取引分野

[図：3次元の立方体で電子商取引分野を表した図。縦軸は「バーチャルな製品／デジタル商品／非デジタル商品」、横軸は「非デジタルな取引主体／デジタルな取引主体／バーチャルな取引主体」、奥行き軸は「非デジタルな取引プロセス／デジタルな取引プロセス／バーチャルな取引プロセス」。左下手前が「従来の商取引」、右上奥が「電子商取引のコア部分」]

出所：香山力訳［2000］，p. 29. を基に加工。

方体であらわされ，逆に右上の立方体＝電子商取引のコア部分では，3つの要素はすべてデジタルで，生産，納入，決済，消費までオンラインで行われる。

　例えば企業間の商取引（OA用品など間接財調達）において，従来，需給者の一方が自社から何らかの交通手段を使い（例えば社用車），取引先企業を訪れ（東京都千代田区にあるオフィス），需要者は商品群より希望の商品を選び（A4コピー用紙を選択），代金を支払う（現金）といった商取引は，従来型のものである。

　しかし，電子商取引では，自社のPCからWebページを訪問し（アスクル（https://www.askul.co.jp）），検索機能を使い希望の商品を探し（商品検索で"OA用紙"を探し，A4コピー用紙をクリック），商品が自社に配送される（1日後）。そして，決済はクレジットカード（オンライン・オフライン）や銀行振込（オフライン）で行う。

　この商取引は図表2−2−2で考えると，取引主体はデジタル，財・サービスは非デジタル，取引プロセスは，デジタルと非デジタルの中間部分である。

こうした一部分において非デジタルである商取引形態は，電子商取引の分野として典型的なものであり，第4章で事例研究として取り上げる鋼材取引もこの形態をとっている。

そして，高速インターネットアクセス網の整備が進み，様々な財・サービスがネットワーク上で取引されるようになると，需要者は自社のPCから直接取引先企業のWebページを訪問し，認証を済ませた後，希望するデータ（複雑かつ大容量のCADデータ等）のダウンロードを行う（即時）。決済は，クレジットカードや電子マネーで行うことも可能である（オンライン）。この場合，3つの要素は全てデジタルである。これが，最もデジタル化が進んだ分野＝コアの部分での電子商取引である。

この例では，物理的移動や物理的物体は存在せず，取引にかかる費用は大幅に削減されることになる。

様々な財・サービスがデジタル化され，適切なオンライン決済システムが普及し，高速インターネットアクセス網整備が進行すれば，電子商取引はもちろん，そのコアの領域も，現在考えられているものより広くなり，急速に拡大していく。

では，企業間電子商取引について，さらにその類型を詳しく分類すると，継続的な取引形態である「ネットワーク組織型」とスポット的な取引形態である「市場型」の2つに大別することができる。

植草［1987］によれば，「中間組織は，企業間相互の経常的取引を基礎とし，ときには企業間であまり強くない資本的，資金的，人的，技術結合関係をもって結ばれた組織である。このような組織には，①三井・三菱グループなどの「企業集団」，②主要な大企業の傘下に多くの企業が子会社として組織されている「系列集団」，③自動車，電気機器，繊維製品，出版印刷，建設業などの外注生産において外注を発注する親企業とこれを受注する下請企業との間に組織化された「下請系列」，④メーカーが卸売・小売などの流通企業と結びついた「流通系列」，⑤情報交換網で結ばれた「情報ネットワー

ク組織」などがある。」(植草益[1987], pp.98-99.) としている。

　企業間において，電子商取引システムを利用し情報交換網で結ばれたネットワーク組織型は中間組織の1形態であり，例えば，供給者から最終需要家に至るまでの商流を，情報システムにより総合的に管理すること(SCM)[17]で，製造計画，調達計画を柔軟に変更できるようになる。これにより，在庫の削減，品切れの防止，注文から配送までの時間短縮，売掛金回収までの期間短縮といった効果が見込める。

　これに対し，市場型の電子商取引は，資産の特殊性の低い汎用品を中心に，Web上でスポット的に商取引が行われ，①調達型，②販売型，③取引所型という3つのモデルに大別することができる（図表2－2－3）。

　①調達型は，n対1取引の関係で，調達側企業が主導権をとって始める取引である。調達側企業が，Webを通して，多くの供給側企業から資材を安価に調達しようという市場型企業間電子商取引である。②販売型は，1対n取引の関係で，供給側企業が主導権をとって始まる市場型企業間電子商取引である。メーカー，商社などが小売店を対象に行う電子取引などが例として挙げられる。③取引所型は，n対nの関係で，e-マーケットプレース（以下eMP）と呼ばれ，複数の供給側企業と複数の調達側企業が，1つの仮想市場に集まり取引を行う。この取引所型の市場型電子商取引は，最も注目を集める電子商取引の形態であり，eMP同士が提携しあうMtoM（Market to Market）や海外との提携など，業界再編の動きも著しい（図表2－2－4）。
市場型企業間電子商取引の形態をさらにみれば，販売型については企業間電子商取引において多くのビジネスモデルが存在し，さらに十分に活用されているため，比較的身近で理解がしやすい。一方，調達型は企業の調達についてインターネットを用いた手段に変更したものであり，これも理解が容易である。

　一方，取引所型である企業間電子商取引の形態はeMPと呼ばれ，複数の売り手，買い手が参加するオープンな電子商取引の共通プラットフォームである。

eMPは，調達型，販売型の双方の機能を併せ持ったような電子商取引の形態であり，さらにオープンという大きな意味を持っている。ここでいうオープンとは，企業間電子商取引やeMPでの取引先の開放と多様性を意味し，参加企業の認証が比較的軽微という特徴がある。一方，クローズな企業間電子商取引であるネットワーク組織型電子商取引は，深度のある企業の信用調査，技術調査が行われる。実際の取引をeMPで行う場合は，もう一段高い与信・認証を受けることも多い。このオープン性の恩恵は，特に中小企業が受けており，eMPは中小企業にとっての企業間電子商取引の入り口といえる。

　また，市場型企業間電子商取引を，非eMP型（調達型，販売型）とeMP型（取引所型）とに分類することもできる。非eMP型では特に経営の効率化の観点から，ERPとの組み合わせによる無駄の排除が中心となる。主な導入目的として，「業務の効率化」，「在庫圧縮」，「(調達，生産，運用) 費用節減」，「リードタイムの短縮」，「顧客ニーズの把握」がある。一方，eMP型は取引機会の拡大の観点から，新たな付加価値を持つ取引先の獲得が中心となる。ここでは主な利用目的として，「取引機会の拡大」，「調達業務の効率化」，「調達費用削減」がある。

　では，市場取引型の特徴をeMPが最も色濃くあらわすとすると，ネットワーク組織型電子商取引とeMP型電子商取引の共通的な制度的課題とは何であろうか。

　まず，決済サービスについてである。電子商取引のコアの部分では，出会い，商談，受発注，配送，決済等といった全ての取引に関するプロセスを一括して賄うOne-stop 化が推進されているが，特に決済については，中小企業を広くカバーする仕組みがない等，有効なサービスがないことが問題である。さらにそのようなサービスが有っても中小企業にとって手数料が高いなどの問題がある。一方，現在のわが国の決済は，中小企業にとってかなり厳しいものである。具体的には，納品後，数ヶ月の手形で決済されたりする。

これは金策の厳しい中小企業にとって，大きな問題となっている。海外では，前受け金の制度などがあり，このような中小企業にとって，有効なサービスの開始が待たれる。

第2に，技術・製品の品質保証についても問題がある。標準部品やオフィス用品など，ある程度その製品・部品の仕様，性能が判明するものは良いが，衣服，農産物，NC加工技術などようにPCの画面上ではサイズや鮮度，技術などを把握するのが難しいものがある。ネットワーク組織型電子商取引では継続的な取引から取引相手の技術・製品の品質についてある程度の保証があるが，eMP型には望みづらい。

第3に運営主体の問題がある。どのプレーヤが運営主体となるのかという問題である。利害関係にある同業他社が，売買に関する情報について他社システムを利用することは考えづらく，またシステムを有していない企業が電子商取引利用にあたって新たにシステム構築することは，業界全体の効率が悪くなる。さらに運営自体の収益構造は，会員費と取引額に応じた報酬の2種類があるが，それぞれに問題を抱えている。報酬は，中々受け入れられないという問題があり，会員費については，会員数がある程度ないと運営が難しい問題がある。

第4に電子商取引特有の自然災害や事故といった偶発的なリスクから，なりすましやデータ改竄といった意図的なリスクがある。リスクを回避するために暗号化や認証機関の設立などのセキュリティ対策が図られている。ネットワーク組織型電子商取引はクローズドなネットワークであり，また従来の継続的な取引に基づく利用であるため，運営・認証機関の利用を含め，こうしたリスクは軽減される。しかしeMP型はオープンなネットワークであり，新規のプレーヤが参入しやすい市場である。スポット的な取引が可能となるような信頼の付与および認証機関の設置は必須であり，どのように信用・認証を行うかは重要な問題となってくる。

企業間電子商取引は，供給者がインターネットを利用して，全世界から新しい取引相手を見つけたり，逆に，調達を行うためにインターネットを利用

して公募を行い，供給者に競争させたりすることを可能にする。さらに研究開発から調達，販売，顧客とのやり取りなどあらゆる価値連鎖の段階で業務の展開を加速することを可能にする。またその取引費用節減効果から，全国的，あるいは国際的な組織力を持たない中小企業の可能性を大きく広げる。しかし，制度的な問題をはらんでいる部分もあり，第3章第2節でみるような対策を講じる必要がある。

では，第4章で事例研究として取り上げる鉄鋼業界における電子商取引の類型と特徴はどうであろうか。詳しくは後に譲るが，現在，図表2－2－5のように開発・運用されている。高炉メーカーから大手需要家に至る取扱量が多い鋼材取引にはネットワーク組織型電子商取引が導入され，中小企業が中心となり汎用性の高い鋼材を少量だけ取引する場合には，市場型の③取引所型電子商取引が導入されている。

前者の鉄鋼ECシステムでは，長期契約が続く特徴のもとに，ロジスティックや生産管理を含め，高炉メーカーから大手需要家に至るまでのSC全体

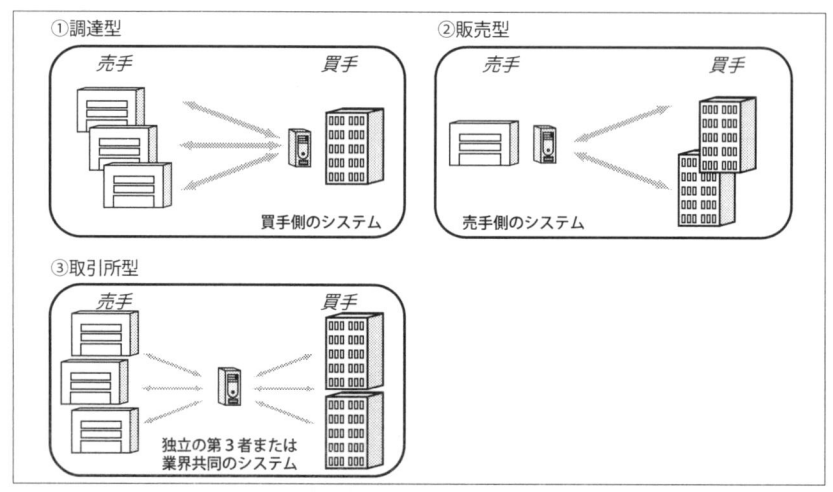

図表2－2－3：市場型の電子商取引の3類型

出所：経済産業省・電子商取引推進協議会・株式会社NTTデータ経営研究所
　　　［2002］，p. 9.

第2章　企業間電子商取引の実際

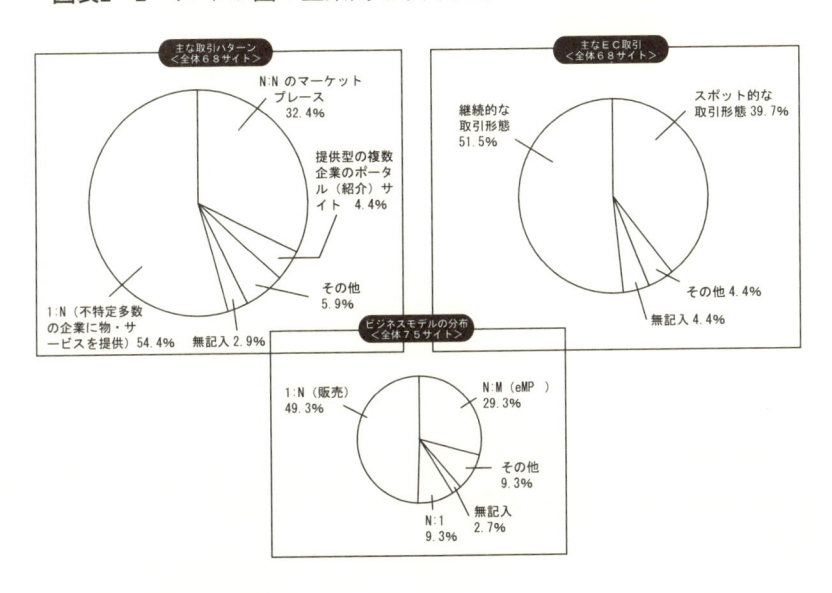

図表2-2-4：わが国の企業間電子商取引ビジネスモデル（2001年）

（主な取引パターン＜全体68サイト＞）
- N:Nのマーケットプレース 32.4%
- 提供型の複数企業のポータル（紹介）サイト 4.4%
- その他 5.9%
- 無記入 2.9%
- 1:N（不特定多数の企業に物・サービスを提供）54.4%

（主なEC取引＜全体68サイト＞）
- スポット的な取引形態 39.7%
- 継続的な取引形態 51.5%
- その他 4.4%
- 無記入 4.4%

（ビジネスモデルの分布＜全体75サイト＞）
- N:M (eMP) 29.3%
- その他 9.3%
- 無記入 2.7%
- N:1 9.3%
- 1:N（販売）49.3%

出所：電子商取引推進協議会［2002］, p. 218.

図表2-2-5：鉄鋼業界の電子商取引システム

取引形態	類型	電子商取引システム
ネットワーク組織型	－	鉄鋼ECシステム
市場型	①調達型	
	②販売型	
	③取引所型	鋼材ドットコム

注：筆者作成。

を視野に入れた「戦略的な経営管理手法」として，「納期短縮」と「在庫圧縮」を可能にしている。また後者の鋼材ドットコムは，中小企業のスポット的な取引を対象に，需給者が1つに集まる「出会いの場」を提供し，「取引機会の拡大」，「調達業務の効率化」を可能にしている。

また上で挙げた電子商取引の制度的課題について鉄鋼業界は，中間組織型

電子商取引システムと市場型電子商取引システムでは，運営主体，認証・セキュリティの対策が大きく違うパターンをみせている。前者は組織内包型，後者は市場型をとっており，電子商取引の特徴をあらわす好例となっている。

第3節　電子商取引の市場規模

　第1節，第2節において電子商取引の定義と範囲，特徴をみてきた。電子商取引については，国際機関，各国政府や専門家らが広狭様々な定義付けを行っているが，本著では「インターネット技術を利用した，文字・音声・画像等のデータの電子的な処理や電送を基礎とするあらゆる形態」と定義した。またその範囲について，参加する経済主体は，企業，政府や個人であり，電子商取引とは，それぞれの経済主体内および経済主体間で行われる商行為であるが，その規模の大きさから，特に「企業間で行われる商行為」とした。

　このような市場領域と特徴を持つ電子商取引であるが，米Gartner Groupの2001年3月の発表によると，2000年度における全世界の企業間の電子商取引市場規模は4,330億米ドル（前年比189%）であった。そして2001年初頭からの米国における景気下降が企業間の電子商取引売上高に影響を与える可能性を示唆しながらも，2001年には9,190億ドル，2002年1兆9,000億ドル，そして2005年には8兆5,000億米ドルにまで堅調に拡大するという予測を行っている（図表2-3-1）。

　同様に企業消費者間の電子商取引においても，①電子商取引は地域によって普及度が異なる，②WWWを介した販売に向かない製品がある，③多くのメーカーや伝統的販売店が対応しない，または対応できないため，インターネット専業の電子商取引企業が活躍できる範囲が制限されるなど，世界における小売り販売市場シェアを占めるには幾つかの問題が指摘されているが，各調査会社において今後ますますの市場拡大が予想されている。（図表2-3-2）

図表2−3−1：世界の企業間電子商取引市場規模推移　　（単位：10億ドル）

	1998年	1999年	2000年	2001年
市 場 規 模	49,877	150,050	433,300	919,000
年 成 長 率		201%	189%	112%

	2002年	2003年	2004年	2005年
市 場 規 模	1,929,000	3,632,000	5,950,000	8,530,000
年 成 長 率	110%	88%	64%	43%

出所：Gartner Group：http://www4.gartner.com/5_about/press_room/pr 20010313a.htmlより加工。

図表2−3−2：世界の企業消費者間電子商取引規模推移

（単位：10億ドル）

	2000年	2001年	2002年	2003年	2004年
EMarketer	60	101	167	250	428
Forrester Research	53	96	169	284	452
Gartner Group	—	—	—	380	—
Goldman sachs	238	494	870	1,392	2,134
IDC	59	—	—	213	—
Merrill Lynch	218	398	734	1,317	—
Ovun	29	49	81	133	219

出所：eMarketer：http://www.emarketer.com/estatnews/estats/eglobal /20010727_emark.htmlより加工。

　ここで各国における電子商取引の市場規模（BtoB，BtoC含む）についてみると米国のそれが群を抜いて大きい（図表2−3−3）。これは電子商取引の基盤となるインターネットの普及率およびIT機器，特にPC普及率が非常に高く，そして電子商取引が発展する以前から非対面取引である通信販売が発展しており，やはり非対面取引である電子商取引が受け入れ易かったという文化的背景から生じている。

図表2-3-3：各国の全電子商取引市場規模推移　　　　（単位：10億ドル）

	2000年	2001年	2002年	2003年	2004年	電子商取引化率
全体	657.0	1,233.6	2,231.2	3,979.7	6,789.8	8.6%
北米地域	509.3	908.6	1,495.2	2,339.0	3,456.4	12.8%
米国	488.7	864.1	1,411.3	2,187.2	3,189.0	13.3%
カナダ	17.4	38.0	68.0	109.6	160.3	9.2%
メキシコ	3.2	6.6	15.9	42.3	107.0	8.4%
アジア太平洋地域	53.7	117.2	286.6	724.2	1,649.8	8.0%
日本	31.9	64.4	146.8	363.6	880.3	8.4%
オーストラリア	5.6	14.0	36.9	96.7	207.6	16.4%
韓国	5.6	14.1	39.3	100.5	205.7	16.4%
台湾	4.1	10.7	30.0	80.6	175.8	16.4%
その他	6.5	14.0	60.6	130.5	197.1	2.7%
ヨーロッパ地域	87.4	194.8	422.1	853.3	1,533.2	6.0%
ドイツ	20.6	46.4	102.0	211.1	386.5	6.5%
イギリス	17.2	38.5	83.2	165.6	288.8	7.1%
フランス	9.9	22.1	49.1	104.8	206.4	5.0%
イタリア	7.2	15.6	33.8	71.4	142.4	4.3%
オランダ	6.5	14.4	30.7	59.5	98.3	9.2%
その他	25.9	57.7	123.4	240.8	410.8	6.0%
南米地域	3.6	6.8	13.7	31.8	81.8	2.4%
その他	3.2	6.2	13.5	31.5	68.6	2.4%

出所：forrester reseach：http://www.forrester.com/ER/Marketing/1,1503,212,FF.htmlより加工。なお、電子商取引化率は2004年のデータを使用している。またBtoB、BtoC電子商取引の合計データである。

第2章 企業間電子商取引の実際

図表2−3−4：日米BtoBおよび電子商取引市場規模推移 （兆円）

	実数値	1998年予測値	2000年予測値	2001年予測値	2002年予測値
1998年	8.6	—	—	—	—
1999年	12.3	12.3	—	—	—
2000年	21.6	19	—	—	—
2001年	34.0	29	31	—	—
2002年	46.3	45	51	43.95	—
2003年	77.4	68	67	61.27	59.4
2004年	—	—	87	78.43	73.6
2005年	—	—	111	98.98	89.7
2006年	—	—	—	125.43	107.2
2007年	—	—	—	—	125.7

出所：アンダーセンコンサルティング・通商産業省 [1999]，アクセンチュア・電子商取引推進協議会・経済産業省 [2001]，NTTデータ経営研究所・電子商取引推進協議会・経済産業省 [2002]，経済産業省 [2003] より筆者作成。

　本著では，電子商取引を当事者別にみた場合，その市場規模およびインパクトから企業間電子商取引（BtoB電子商取引）をその中心とした。

　わが国における企業間電子商取引規模は年々その規模を拡大し，図2−3−4からも明らかなように今後ますます普及が加速するとの予測がされている。

　わが国の電子商取引市場規模に関する調査は，1998年度の第1回調査以来，経済産業省等により継続して実施されている。2003年度の第6回調査では，電子商取引を「インターネット技術を用いたコンピュータ・ネットワークを介して商取引行為が行われ，その成約金額が捕捉された企業間商取引および消費者向け商取引」について各業界の事業者への郵送アンケート調査および，聞き取り調査を実施し，定性的な実態，動向を把握するとともに，品目別に市場規模推計を行っている。

　2003年の企業間電子商取引市場規模は，77兆4,320億円で，前年度調査の

46兆3,070億円に比べ67.2％の拡大であった。この数字は、「企業間電子商取引市場規模が70兆円を大きく上回る」こととした「e-Japan重点計画」の目標を達成するものであり、また前回調査時における予測値も上回っている。

　また、インターネット技術以外のVAN・専用線などの従来型EDIなどを含めた本著で定義する電子商取引の市場規模は、確認されただけで157兆1,030億円となっている。

　セグメント別にみると、電子商取引先行品目である自動車や電子・情報関連機器が更に拡大し、各々約28兆490億円、24兆2,940億円と依然大きな金額を占めている。しかし前年まで常に企業間電子商取引全体の8割以上を占めていたこれら二つのセグメントの割合は、他の品目セグメントの拡大により、今回初めて7割を切っている（図表2−3−5）。

　また前回調査との比較では、保険サービス、建設、食品、鉄・非鉄・原材料などが4倍以上の拡大となっている。これは、前回調査に比べて捕捉の精度が大幅に向上したことによる影響があるものの、インターネット技術による電子商取引が、依然拡大傾向にあることの証左であるといえる。

　企業間電子商取引拡大に最も寄与している品目として、まず「自動車」、「電子・情報関連機器」が挙げられる。

　「自動車」分野では、完成車メーカーによる新車の系列販社への販売において、従来型のEDIからインターネット技術への移行が進行している。また、一次部品メーカーを中心とした、二次部品メーカーからの電子商取引による調達が顕著であり、業界全体へ電子商取引が浸透しているといえる。

　「電子・情報関連機器」では、大手メーカーの調達において、中小の仕入れ先との取引がWeb-EDIにより高くカバーされており、電子商取引化のさらなる進展が伺える。また、大手メーカーでは公衆インターネット網を用いた取引を展開させており、中小の取引先へ電子商取引化の裾野を拡大させると共に、グローバルな取引へと発展する例もみられる。

　また2003年度の調査で高い伸び率となったセグメントには、「食品」、「鉄・非鉄・原材料」、「建設」、および「保険サービス」などがある。

第2章　企業間電子商取引の実際

図表2-3-5：企業間電子商取引市場規模（品目別）

分類	前回調査 2002年 市場規模(億円)	前回調査 2002年 電子商取引化率	前回調査 2003年予測 市場規模(億円)	前回調査 2003年予測 電子商取引化率	今回調査 2003年 市場規模(億円)	今回調査 2003年 電子商取引化率	今回調査 2003年 広義のEC市場規模(億円)	今回調査 2003年 広義のEC化率
食品	2,200	0.4%	3,500	0.4%	14,030	2.4%	240,670	40.8%
繊維・日用品	15,380	4.7%	21,100	5.7%	20,660	6.2%	108,380	32.6%
化学	9,500	1.7%	18,800	3.3%	14,300	2.5%	101,010	18.0%
鉄・非鉄・原材料	11,200	2.9%	28,400	7.6%	53,670	13.5%	71,300	17.9%
産業関連機器	30,080	6.3%	36,900	6.8%	37,360	7.5%	101,130	20.4%
電子・情報関連機器・精密機器	197,730	38.0%	229,100	37.1%	242,940	45.3%	316,070	59.0%
自動車	172,540	36.2%	192,200	43.9%	280,490	57.6%	349,860	71.8%
建設	5,350	0.6%	35,600	3.9%	35,490	4.1%	35,490	4.1%
紙・事務用品	1,970	1.0%	3,900	2.2%	4,900	2.6%	42,310	22.1%
電力・ガス・水道関連サービス	0	0.0%	0	0.0%	0	0.0%	0	0.0%
金融サービス	0	0.0%	0	0.0%	0	0.0%	13,210	4.1%
保険サービス	40	0.01%	80	0.0%	39,340	12.0%	91,440	27.8%
運輸・旅行サービス	5,600	2.2%	10,800	4.2%	7,670	3.0%	46,030	17.8%
通信・放送サービス	0	0.0%	2	0.002%	130	0.1%	1,580	1.3%
情報処理・ソフトウェア関連サービス	9,300	9.3%	10,600	11.3%	20,090	20.1%	32,220	32.2%
その他サービス	2,180	0.2%	3,000	0.3%	3,250	0.3%	20,330	1.8%
合計	463,070	7.1%	594,000	9.0%	774,320	11.2%	1,571,030	22.8%

出所：経済産業省[2004]，p.2.

49

「食品」では，大手卸売業や大手流通業を中心にインターネット技術を用いた取引が多く行われたことで伸び率が高くなっている。
　「建設」では，大手ゼネコンによる電子商取引調達額が大きく拡大した。また，2001年10月より一部で開始されていた国土交通省の電子入札が，2003年4月より全面的に実施されたため，成長を牽引している。都道府県をはじめとした地方自治体においても，電子入札の仕組みを構築・検討している事例がみられ，今後も進展が期待される。
　「保険サービス」の分野では，大手損害保険会社において，従来型EDIで整備されていた代理店システムが，インターネット技術ベースのシステムに刷新されたことにより，電子商取引化が大きく進行した。
　上にみたように各品目分野において電子商取引取引額は順調に拡大しているが，「食品」等の電子商取引利用増加の背景としては，卸売業・商社が中心となった取り組みが多くみられた。また，「電子・情報関連機器」，「建設」，「保険サービス」などにおいては，大企業の主導により取引先である中小企業との取引においてインターネットの活用が進展している動向がみられた。こうした，企業間電子商取引の拡大は，「VAN・専用線などの従来型EDIからインターネット技術への転換」と，「公衆インターネット活用の拡大」という2つの面から語ることができる。ドライバとなっているのは，業界における標準化の進展，社内基幹システムの刷新，企業間コラボレーションの進展，中小企業のIT化などである。

　では，第4章で事例研究として取り上げる鉄鋼業界の電子商取引市場規模はどうであろうか。品目別分野である「鉄・非鉄・原材料」では，大手高炉・電炉メーカーと専門・総合商社間において，従来型専用線EDIがインターネット技術ベースに移行したことにより，経済産業省による狭義の電子商取引取引額が大きく拡大している。2002年にはその市場規模は1兆1,200億円（電子商取引化率2.9%）であったのに対し，2003年は5兆3,670億円（電子商取引化率13.5%），さらに広義の電子商取引市場規模は7兆1,300億円（電子商取

第 2 章　企業間電子商取引の実際

引化率17.9%）と大幅な伸びをみせている。狭義の電子商取引の市場拡大には，大手商社が業界共通的にERPによる社内基幹システムを刷新したことを背景に，費用低減の観点から業界共通のシステム運営組織を立ち上げ，各社それぞれの仕組みの標準化・共通化を進めた結果による。また専用ネットワークなどの従来型の情報システムの利用も依然として大きな市場としてみられることが特徴である。

注
(17) supply chain management. サプライ-チェーンにおいて，取引先との受発注や社内部門の業務をコンピュータを使い統合管理する経営手法。資材や製品の最適管理を実現し，コスト削減を目的とする。
(18) enterprise resource planning. 財務や人事・顧客情報など企業の業務をサポートするシステム。
(19) value-added network. コンピュータ間の通信をするために情報の蓄積・提供，通信速度および形式の変換，通信ルートの選択など種々の情報通信サービスを付加した通信網。付加価値通信網。

第3章　企業間電子商取引への取引費用論の応用

第1節　取引費用論

1．取引費用論の史的展開

　情報通信技術の発展・普及は行政から経済活動，家庭生活にまで影響を与え，社会全体が大きく変容している。特にIT応用部分であるビジネス＝電子商取引は大きなインパクトをもたらしていることを第1章でみた。

　では，特に電子商取引の領域の中でも企業間のそれを考える際，企業組織，企業間関係，産業編制への情報通信技術の発展が与えるインパクトを考える際，本章では取引費用アプローチが有効であると考える。

　情報通信技術の発展が実体経済面において情報の収集・伝送・加工費用の低下という取引費用節減効果を有する事実を考慮するならば，情報通信技術への経済学的接近法としては取引費用アプローチが適切なものと考えられるからである。

　取引費用論について，現段階において完成したとは言い切れないが，一定の評価は得ている。本節では，取引費用論に影響を与えている基礎的研究のなかでも，特に，コモンズの取引概念，コースの企業論，ウィリアムソンの市場と企業組織について概観し，取引費用論の基礎を確認する。

（1）コモンズの取引概念

　取引費用論に影響を及ぼしているものとして，まず，コモンズの取引概念を指摘できる。取引費用論の分析単位を取引におけば，コモンズは取引を「経済研究の根源的な単位」としている。コモンズによる取引の定義では，「取引とは「受渡し」という物理的な意味での「商品の交換」ではなく，社

53

会の集団的行為準則によって決定されるような，物理的事物の将来の「所有権」の諸個人間における譲渡と取得」(Commons[1934], p.58.)としている。

さらに，コモンズは取引の分析において，①取引を商品交換に先立って市場で普通になされている「売買取引」(ここでの普遍的な原理・推進力は希少性である)，②工場や職場の指揮権を持つ管理者とそのもとに従属する労働者との間の「経営取引」(ここでの普遍的な原理・推進力は効率性である)，③租税や関税という立法手段を通じた公的な「割当取引」(法的に権力を持つものと従属する個人との間の関係であり，独裁者だけでなく裁判所による仲裁もこれに含まれる)の3つの型に分類している。

このように分類をしたうえで，コモンズは近代の大企業の主要な利点の1つを，経営取引，割当取引の範囲の拡大によって，売買取引を除去することにあるとしている。

(2) コースの企業論

企業と市場の関係に対して，コースは，「企業の外部では，価格の変動が生産を方向づけ，それは市場における一連の交換取引を通じて調整される。企業の内部では，このような市場取引は排除され，交換取引を伴う複雑な市場構造に代わって，調整者としての企業家が生産を方向づける。これが，生産を調整するもう1つの方法であることは明らかである」(Coase [1937], p.388.)としている。コースは企業と市場を代替的であると指摘している。

しかし，企業と市場が代替的であり，市場が企業よりも以前に存在していたとすれば，企業が登場せず，市場のみで取引が行われていた可能性も考えられる。何故，企業は存在しているのであろうか。

この疑問に対してコースは，「価格メカニズムを利用するための費用が存在する」ためであると指摘する。価格メカニズムを通じた取引では，その都度，契約の締結が必要となり，契約の締結に際しては，費用を伴う情報の収集や評価，その他さまざまな努力が必要となり，それが契約を結ぶ度ごとに発生する。このような費用を回避するための手段として，企業が存在すると

指摘している。

しかし，企業が市場を完全に代替することはなく，常に企業は市場よりも効率的ではない。企業も組織化には費用がかかり，または組織化が適切に行われていない場合には，より多くの費用がかかる。市場を用いた場合に発生する費用とは性質を異にするとしても，結局は企業も費用を発生させるため，企業が市場を完全に代替してしまうことはなく，市場取引も存在することになる。

市場が万能でなく，企業も万能でないとするならば，どこまでが市場取引に委ねられ，どこまでが企業内において取引されるのであろうか。

これに対してコースは，「追加的な取引を自らの企業内に組織化するための費用が，その同じ取引を公開市場で交換という手段で実行するための費用，もしくは他の企業の中に組織化される際の費用と，等しくなるところ」（Coase［1937］，p.395.）と指摘しており，このような点まで取引は内部化され，それ以外については市場での取引になるとしている。

(3) ウィリアムソンの市場と企業組織

取引費用論は，市場と企業を代替的な資源配分の手段と考え，代替的な統治構造と考える。市場においては価格メカニズムが，企業においては権限に基づく命令が，それぞれ力を発揮する。単純に市場と企業が代替的であるということを考えれば，どちらか一方のみが存在するという状況も想像することは可能であるが，なぜ，現実はそのようにならないのであろうか。

市場を用いた資源配分を考えた場合，もし市場が完全に機能しているならば，必要なものを必要なときに必要なだけ，正当な価格で調達することが可能であり，企業を用いた資源配分の必要性はないはずである。それでも，なお企業によって資源配分を行う必要性を感じるとするならば，市場の完全性という前提に問題のある可能性がある。

市場が不完全である時，その原因として取引費用の存在が考えられる。市場を用いて資源配分をしようとする場合に，取引に伴って何らかの費用が，

それも相当程度の負担となって生じるならば，市場を通じない資源配分方法へ移行することとなる。この場合，市場による資源配分は企業による資源配分に代替されることとなる。

この取引費用は，人的，あるいは環境的な要因によって発生し，市場を用いた資源配分から企業によるものへと移行する程度が決定される。

しかし，全ての市場が消滅し，巨大な企業のみが残るということを意味するのではなく，市場による企業の代替性も存在することを指す。市場取引ではそれにかかわって費用が生じるが，企業においてはそのような費用の代わりに管理のための費用が生じる。

市場において発生する取引費用とは異質のものではあるが，管理のための費用が存在することによって，市場と企業の双方向の代替性が生じてくるのである。

ウィリアムソンは「市場と階層組織」の分析において，①経済活動の基礎にあるものは取引である，②取引を調整する契約様式は市場と階層組織という代替的なものである，③ある取引が内部化され組織の中で調整される理由は，組織内の取引費用が（同様の取引が）市場メカニズムによって調整される取引費用と比較して低いからである，との命題を前提としている。

彼はこのような仮説に基づき「なぜ企業組織は存在するのか」という問いをたて，「取引費用」という観点からそれに答えを与えようとした。

取引費用とは取引契約を締結するための費用と契約を履行するための費用などの総和である。ウィリアムソンによれば，取引における主体者は「摩擦がない世界の仮定」における「全知の能力を持つ存在」ではなく「限定された合理性」を持つ。その当事者たちの情報処理能力に限界があるために，取引契約を結び，それを実行するためには，情報を収集し処理する費用がかかることになる。また，主体者は「巧みにだまして自己の利益を追求する」ような「機会主義」的な性質を持っている。これも，取引費用を高める要因となる。彼によれば，組織とはこのような取引費用を低減させるための社会的

第3章　企業間電子商取引への取引費用論の応用

道具に他ならない。

　取引費用は取引の不確実性が高い状況下では上昇する傾向がある。取引費用の内部化の形態，すなわち組織における調整の形態には「内部労働市場」，「垂直的統合」そして「事業部制」があり，それぞれ，労働の取引，中間生産物そして資本の取引に対応するものである。

　また，ウィリアムソンは，市場に比べて階級組織のメカニズムがこのような取引費用の観点で優位性を持つとする。そのポイントは①限定された合理性を広げる，②機会主義の抑制，③不確実性の吸収，④情報の偏在をせばめる，⑤打算性のない交換の雰囲気を提供する。

　このように，ウィリアムソンの取引費用アプローチは，取引主体の完全な合理性を前提とする伝統的な経済理論に対して，サイモンが発展させた「限定された合理性」概念と企業組織が不確実性をはらむ外部環境に適応するための合理的システムであるという視点を導入し，企業組織の存在理由を取引費用という観点から明らかにしようとした。

2．取引費用論の構造

　前項では取引費用論の史的展開をみたが，その上で取引費用論の基本的特徴について論じる。第1に，取引費用の概念について概観し，第2に，取引費用論の中心的な特徴である取引費用の人的発生要因として，限定された合理性，機会主義，尊厳を，取引費用の環境的発生要因として，資産の特殊性，不確実性，取引頻度を取り上げる。

（1）取引費用の概念

　取引費用とは費用と表現しているものの，すべてが定量的に把握されるものではなく，時間や努力といったものも含め，生産費用以外のものを広く包括的に含む概念である。定量的に計測することは困難な面もあるが，取引の人的要因，環境的要因によって変化する費用として把握することは可能である。

「市場取引に関していえば，取引の一方の当事者取引相手を探索し，それと交渉し，契約し，契約の円滑な進行を監視し，契約不履行問題に対処するという，諸々の費用を含めたものである。またある種の紛争が発生したときには，その交渉費用が取引費用となる。」（植草益［2000］，p.7.）

また，事前事後的な主な取引費用を，①探索・情報にかかわる費用，②交渉・決定にかかわる費用，③監視・強制にかかわる費用とすることができる。

取引費用は，一方では取引の人的要因によって，他方では取引の環境的要因によって変化するものとして捉えることが可能であるため，これに応じたものとして，定性的な取引費用の把握が可能になってくる。ここでは人的要因として，限定された合理性，機会主義，尊厳を，環境的要因として，資産の特殊性，不確実性，取引額度を取り上げて，取引費用を定性的に把握し，取引費用の構造をみる。[20]

(2) 取引費用の人的発生要因

人間の本質は，非常に豊かなものである。取引費用論において，人間を人間らしく取り扱うために，3つの行動仮説を立てる。1つは限定された合理性，もう1つは機会主義，3つ目に尊厳である。

ここでは，人間を経済人として捉えるのではなく，複雑性に対しても不確実性に対しても不完全な対応しかできず，それほどの誠実な行動を期待し得ない存在として捉える。これらの行動仮説の中でも，特に限定された合理性と機会主義の2つが特徴的である。尊厳に関しては，議論が十分には展開されておらず，これからが期待される部分である。

(a) 限定された合理性

取引費用論は，人間を限定された程度においてしか合理性を持ち得ない存在として扱う。主観的には合理的であろうと試みても，客観的には限定的な程度でしか合理的では有り得ないということである。

何らかの問題に直面した場合，当事者はまず情報の収集をすることになる

第3章　企業間電子商取引への取引費用論の応用

が，完全な形での情報収集は不可能である。また，収集した情報については処理をしなければならないが，これも完全なものを求めるならば不可能である。このように，限定された合理性が障害となり，その行動の最適化に制約を加えてしまう。

契約に関しては，合理性が限定的でない場合には，将来において生じるであろう全ての事態が予測可能であるため，あらゆる状況に対応可能な，完全に包括的な契約を事前に締結することが可能となる。しかし，合理性が限定的である場合には，将来において生じるであろう全ての事態を予測することは不可能であるため，あらかじめ将来において発生し得るあらゆる事象を盛り込むような包括的契約は締結不可能となる。これは不完全契約の締結を意味する。不完全契約の締結は事後的な意見対立を導く要因となり，取引費用の発生要因となる。

(b) 機会主義

機会主義では，人間を悪賢い方法での自己利益追求も行い得る存在として取り扱う。機会主義が存在しない場合，当事者同士互いに信頼し得る存在であるため，互いが誠実に行動することさえ約束すれば，両者の利益は守られる。しかし，機会主義が存在する場合，相手が不誠実な方法で利己的に行動し得るため，自己の利益が相手によって侵される可能性がある。

限定された合理性との関係では，限定された合理性が存在しないのであれば，相手の機会主義的行動も見抜くことができるため，問題は発生しない。しかし，合理性が限定的である場合，このような機会主義的行動を見抜くことができず，深刻な問題を導いてしまう。

また，全ての当事者が必ずしも機会主義的に行動するわけではないということも重要である。機会主義的である者とそうでない者が存在するのであるならば，差別的に扱うことが望まれることになるが，その両者を区別するにも費用がかかる。機会主義の存在は，直接的にも間接的にも取引費用発生の源泉となる。

(c) 尊　厳

　現段階において，まだ十分には議論が展開されていないが，尊厳も取引費用の発生要因である。基本的概念としては，人間性というものを尊重し，人間を単に経済性を追求するための道具として扱わないということである。

　しかし，尊厳の追求を受容するためには，経済性とのトレード・オフをも受容しなければならない。つまり，尊厳を追求しようとするならば，そこに何らかの費用がかかってくるため，無制限な尊厳の追求は抑制されることになる。

　その際には，その取引が尊厳の重視を要求すべきものであるか否かの識別が重要となってくる。取引内容によって，尊厳を重視すべき度合が相違すると考えられるからである。尊厳についてさほど考慮しなくても支障のない取引もあれば，いくつかの取引では尊厳を十分に考慮しなくては，取引自体の成立が危うくなってしまうということもある。これを区別するにも費用がかかるとすると，問題は一層複雑性を増すことになる。また近年では，信頼との関連で議論も進んでいる。

(3) 取引費用の環境的発生要因

　取引を特徴づけるに際して，いくつかの重要なディメンションが存在する。取引費用の操作化を可能にするために，ここでは取引費用に影響を及ぼすそれらのディメンションを確認する。人的発生要因との関係としては，その発生要因がこれらのディメンションと絡むことによって，問題の深刻さが増すことになる。ここではそのディメンションとして，資産の特殊性，取引が影響を受ける不確実性，取引が行われる頻度の3つを扱う。

(a) 資産の特殊性

　資産の特殊性とは，ある資産を代替的に他の用途で用いた場合に，著しくその資産の生産性が低下するような性質を指すものである。これが発生する

状況としては，例えば，部品を生産するために特殊化された金型が必要となるような場合（物理的資産の特殊性），仕事をしながら学習をするというような場合（人的資産の特殊性），あるいは在庫や輸送の費用を節約するために継起的な生産過程が互いに密接なものとして位置するような場合（立地の特殊性）等が考えられる。

　資産の特殊性が重要視されるのは，市場性の問題である。一度，特殊的な資産への投資が行われてしまうと，結果的に，潜在的な取引相手を失ってしまうことになり，その取引内に閉じ込められてしまう。

　財・サービスに関して，需要者が容易に他の供給者から入手可能であり，また，供給者が容易に他の需要者に販売可能である場合＝スポット契約が実行可能である場合では，市場性が存在しており，その取引に閉じ込められる危険性はない。しかし，資産が特殊的である場合には，市場性が欠如してしまうため，その危険性を背負うことになる。

　つまり，特殊的な資産は転用してしまうと，本来の用途に用いるよりもその価値がはるかに低いものとなってしまい，供給者は他への供給ができない。また，需要者は特殊的な資産を他から入手することは困難であるし，特殊的でない資産で代用しようと試みても，本来の用途でないものの使用では非効率性によって費用が余分にかかってしまい，その取引に閉じ込められることになる。

　しかし，契約した当初から資産の特殊性が存在しているわけではない。契約時には，それほどの資産の特殊性は存在しておらず，多数の潜在的な取引相手に恵まれている。ところが一度取引が開始されると，より効率的な取引を目指してその取引専用の資産が形成されるようになり，当事者間の関係は時の経過につれて双方独占へと基本的転化を遂げることになる。基本的転化を遂げた後では対等な競争ができず，新たな入札は困難となる。したがって，当初の入札時の勝敗が重大な影響力を持つことになる。

　この基本的転化の発生は，双方を継続的取引関係の維持へと向かわせることになる。取引特殊的資産に投資することによって，当事者は互いに双務的

な取引関係におかれることになり，現行の取引関係の終了は経済的価値の犠牲を意味する。したがって，その取引においては当事者間の関係が重要となってくる。

　もし，基本的転化を遂げる以前に，当事者間の特殊性にアンバランスが生じることになるならば，ホールド・アップ・プロブレムが発生し得る。両者共に，同程度にその取引に閉じ込められている場合には，互いの関係維持に対しても同程度に関心を持って取り組むであろうが，相違する場合には，特殊性の弱い当事者が関係断絶を武器に立場の強化を迫り得る。

　しかしながら，このような状況は予測可能であるから，立場が弱くなりそうな場合には，最初から取引特殊的な投資は控えることが考えられる。取引特殊的投資が抑えられるということは，効率的な生産ができなくなり，取引量も減少するため，当事者にとって不利益となってしまう。これを解消しようと考えるならば，当事者の関係を緊密に維持できるような統治構造を採用し，取引特殊的投資が容易になるような関係を導くことが必要となる。

(b) 不確実性

　取引費用の観点からすれば，確実性の下においては，当事者間において深刻な問題は生じない。それは，当事者の行動が唯一つの成果へと導かれていくため，機会主義的行動も含めて，将来に発生し得る事態を予測し得るからである。したがって，当事者間で完全な包括的契約を結ぶことが可能になる。

　ところが，不確実性が存在することにより，将来に発生し得る状況は複雑性を増し，それと同時に，将来に関する予測可能性も危うくなる。これが問題を深刻にする原因となるのである。

　ところで，不確実性下においても問題の発生しない状況は存在する。例えば，前述のように，人間の合理性が限定的でなかったり，機会主義的行動が存在しなかったりする場合である。合理性が限定的でないならば，将来の事象を全て予測し得るし，機会主義的行動が存在しなければ，不測の事態に際しても，誠実な対応を期待し得る。また，資産の特殊性が存在しない場合に

おいても，資産に市場性が存在するため，問題は生じない。資産の特殊性が存在しなければ，取引の継続性がほとんど価値を持たないため，市場による統治で柔軟に取引関係の調整をすれば，効率的な取引が可能になる。

(c) 取引頻度

　第3番目のディメンションは取引頻度である。取引頻度によって，そのために構築される，特殊な統治構造に対する正当性の評価が変化することになる。

　統治構造の構築のため，あるいはその運営のためには費用がかかるが，各統治構造によって，その費用は相違する。また，それによって得られる利益も相違してくる。費用に見合っただけの利益が生み出されなければ，その統治構造は用いられない。その場合には，得られる利益が小さくても，それよりも費用を低下させ得るような統治構造を用いることとなる。各統治構造は，利益が費用を上回って初めて利用されることになる。

　この利益を高めるために必要であるのが取引頻度である。高い費用をかけて一層適応的な統治構造を構築したとしても，それを用いる機会，すなわち，取引の行われる頻度が低ければ，それによる利益を得る機会も制限されることになる。一方，取引が反復的に繰り返されるようになり，取引頻度が高くなってくれば，そこから利益を得る機会も増加する。したがって，統治構造の構築や運営にかかわる費用の回収も容易になってくる。

　費用をかけて構築することとなる統治構造に関しては，それを用いる取引頻度が高くなれば高くなるほど，一層高く評価されることになる。

第2節　企業間電子商取引と取引費用論

1．情報通信技術とコースの取引費用論

　第1節では取引費用論について史的展開を確認し，さらにその概念と取引費用の発生要因について確認した。では，ここで電子商取引と取引費用の関

連について，取引費用の始祖たるR.H.コースの所説から，以下の諸点を確認していく。[21]

まず第1に，市場においてであれ企業内においてであれ，財・サービスの取引には固有の費用としての取引費用が発生するという事実である。市場での取引に際しその需給者には，取引相手の探索から価格あるいは取引条件の交渉・決定，さらには取引契約の履行監視に至る一連の市場取引の費用が発生する。

この市場取引の費用は，取引を企業組織に内部化することにより低減化が可能であるにしても，依然として内部取引費用として残存し，企業内部における探索・調整・監視の諸機能を担うこととなる。市場においてであれ企業内においてであれ，取引費用に表現されるこのような探索・交渉・監視の諸機能は従来，基本的に人手を介して労働集約的に遂行されてきたといえる。

しかしこのような労働集約的なプロセスであった企業内外の取引過程を情報通信技術の中心を担っているインターネットで置き換え，知識集約的なシステムへと転換することで，さらなる取引費用の節減を目指す動きこそ，近年の情報通信技術革命の潮流といえる。取引費用のうち探索・情報にかかわる費用はデータベース構築とその利用により，交渉・決定の費用は業務システムのオンライン・ネットワーク化と単品・個別管理により，また監視・強制費用は取引および業務過程全般のネットワーク化により大幅にコストダウンが可能になるのである。

第2に，取引費用の存在とその節減が企業をはじめとする諸経済組織形成の重大な要因であるとするならば，情報通信技術の革新に起因する取引費用の低減化は旧来の経済組織の機構・編制に多大のインパクトを及ぼすこととなる。

まず企業について考えると，コースの主張するように市場取引費用の節減がその形成原理であるならば，企業組織の編制様式も取引費用低減化に貢献するものであるといえる。情報通信技術の発達とその企業活動への適用は，

第3章　企業間電子商取引への取引費用論の応用

その組織形態のもとでの内部取引費用の低減化を実現すると同時に、内部取引費用のさらなる節減を可能とするために企業組織そのものの再編を考えられるものであるといえる。近年の企業組織のピラミッド型からフラットな文鎮型やネットワーク型への移行や、BPRといった動きがまさにこれにあたる。

　次に企業間関係について、情報通信技術の進行は企業間取引のあり方にも影響を及ぼす。受発注業務や決済業務のオンライン・ネットワーク化、あるいは交渉プロセスそのもののオンライン化（端末画面上での価格・数量・品質・納期等の交渉）といった電子商取引は、従来の人手による労働集約的作業プロセスに比べ、間接部門の省力化・生産性向上を通じて取引費用を大幅に節減し、ネットワーク参加企業にコストダウンの恩典を与える。そして同時に、参加企業数の増加に伴う売上高増大の可能性も期待することができる。

　従来の企業間ネットワークである業界VANやEDIなどの情報通信システムや、現在のインターネット技術を中心とした電子商取引が、取引費用の節減と売上高成長の可能性を持つこの新たな企業間関係は、旧来の企業系列や企業集団と一定の緊張関係をはらむこととなり、現在の企業間協調の解体・再編へと進む要因となっている。

　第3に、取引費用を考慮した社会的分業体系の考察と、このような社会的分業体系に及ぼす情報通信技術のインパクトを考える。社会的分業体系とは一国における最狭義諸産業の編制様式を指すが、この産業編制様式を規定する要因のひとつは取引費用であって、その変動は社会的分業の再編すなわち産業分化あるいは産業融合を引き起こすこととなる。

　一国の社会的分業体系すなわち産業編制様式は市場経済のもとでは原則的に所与の時点における、総経済費用（経済活動に付随して発生する費用の総称で生産・物流・取引の各費用から構成される）の最小化を実現すべく編制されるのであり、これら諸費用に影響を及ぼすイノベーションの発生や新製品・新サービスの登場、経済成長等に伴い、既存の社会的分業体系は絶えず調整され、絶えず経済総体としての費用最小化を追求し続けている。情報通信技

術の発展はまずコンピュータ・通信機器等のハードウェアやそれらの稼働をサポートするソフトウェアの生産を担う産業群を分化・自立化させるとともに，それらを利用した新たなサービス産業群を多く発生させる。

ここで情報通信技術の発展が取引費用の節減を実現するとき，社会的分業体系の再編との関連で取引関連産業群について[22]みていく。

取引関連産業群の生成と発展は一国の経済活動にとって取引機能を各種財・サービスごとに分離・専業化させることが総経済費用最小化の有効な手段であったことを意味しており，財・サービスの漸次的段階的分化と店舗立地方式による取引機能の遂行を特質としている。この取引関連産業群に投下される経済資源の総量をマクロの取引費用とすると，この仲介費用最小化のために従来は店舗立地方式という地理的・空間的な制約を有する取引形態が採用されてきた。しかし情報通信技術の進行とりわけインターネット技術を中心とした電子商取引は各種財・サービスの生産者と最終需要者とを直接に結合することを可能にし，かつマクロの取引費用を大幅に節減させることを可能にしている。今後，情報通信技術の進行に伴うマクロの取引費用節減に対応して社会的分業の再編が進み，経済社会は情報通信技術を活用した新たな産業編制様式の形成へと向かうことが予想される。

以上，取引費用に関するコースの所説を情報通信技術との関連において考えられる論点を指摘した。近年の情報通信技術は企業内外にわたるネットワーク形成をその特質とするのであるが，このような情報通信技術の進行の経済的本質は労働集約的な取引プロセスの知識集約的プロセスへの代替に求められること，この過程を通じてコースの指摘する探索・情報，交渉・決定，監視・強制の諸費用が大幅に節減されること，以上を第1の特徴とした。次に情報通信技術の進行に伴う取引費用の節減が企業の組織構造，および系列や企業集団といった企業間関係様式に変容をもたらし得ることを指摘した。最後に一国の社会的分業体系に言及し，情報通信技術の進行が多様な形態を通じて社会的分業のあり方に影響を及ぼすこと，および今後さらなる電子商

取引の進展に伴いマクロの取引費用を担う取引関連産業群の再編が進むであろうことを指摘した。

　さて，取引費用論の創始者であるコースは，極めて限定された叙述であるが，情報通信技術の発達が企業規模に及ぼす効果について考察を行っている。コースは企業規模を規定する要因として経営管理に関する収穫逓減と内部供給価格の上昇を指摘しているが，このうち前者である経営管理に関する収穫逓減の発生理由とされる内部取引費用水準の上昇と企業内生産要素の最適利用の失敗に関し，それらが取引の空間的分布の程度，取引の多様性の度合い，および最適取引価格の変動確率の三者により影響されるとして，取引の空間的分布が拡大すればするほど，取引の多様性が増大すればするほど，そして最適取引価格の変動確率が上昇すればするほど，内部取引費用水準はますます上昇し，経営者が企業内生産要素の最適利用に失敗する可能性は次第に高まって行くと主張している。企業規模の拡大とは同一経営者のもとに組織化される内部取引数の増加であって，この内部取引数の増加とともに取引される財の種類や取引方法，取引場所等に多様性が生じ，内部取引費用の上昇と経営者による生産要素の最適利用の失敗を引き起こして経営効率の低下を招くと述べている。

　しかし，取引の空間的分布を拡大させる効果を持つ情報通信技術の発展，特にインターネット技術を中心とした企業間電子商取引は，企業規模が拡大してもそれが内部取引費用の上昇，および生産要素の最適利用の失敗に結びつかない。

　「生産諸要素を集積するのに役立つような発明は，企業の規模を大きくするのに役だつ。空間的に組織するさいに要するコストを減少させるのに役だっている電話，電信のような技術変化は，企業の規模を大きくするのに役だつ。経営上の技術を改善するすべての変化は，企業の規模を大きくするのに役だつ。」（新田［1966］, p.204.）としている。

　今日のインターネット技術は電話・電信の機能をコンピュータを用いて飛躍的に高度化させたものともいえる。したがって上述のコースの主張を考え

る際，インターネットを中心とした情報通信技術の発展は企業規模の拡大効果を有することとなるのである。

　他方，コースは上記引用への注記において次のようにも述べている。

　「大部分の発明は，組織化のコストおよび価格機構を利用するコストの双方を変化させる，ということが銘記されねばならない。そのような場合，発明が企業を大きくさせるように作用するか，小さくするように作用するかは，この二組のコストにたいする相対的な影響の仕方による。たとえば，もしも電話が組織化のコストよりも価格機構を利用するコストを減少させれば，それは企業の規模を減少させる効果を持つであろう。」（新田［1966］，p. 214.）

　すなわちコースによれば，所与の技術革新が企業規模の拡大・縮小のいずれの効果を有するかは，その技術革新の市場取引費用と内部取引費用に及ぼすネットの効果に依存するのであって，技術革新そのものが直接にアプリオリな形で企業規模への作用を有するものではないのである。

　情報通信技術革命は，企業の内部取引と市場取引の相対関係に変化をもたらし，これまでの市場と企業組織の境界を不安定にしている。インターネットに象徴されるオープンなネットワークを使えば，市場取引費用が飛躍的に低減することを本節ではみてきた。そうなれば，全国的，あるいは国際的な組織力を持たない中小企業や零細な個人企業の可能性が大きく広がることになる。

　逆に，内部取引費用の削減効果が大きくなれば，より規模の大きな組織形態で効率的な活動が可能となる。空間的に広がりを持った内部取引費用を劇的に低減させる環境下では，金融や通信産業など情報通信技術を駆使した展開が可能な分野で，限界費用が限りなくゼロに近づけることになる。これは，コースの定義によると，それまで市場取引であったものを内部化する「統合」ではなく，すでに複数の企業によって内部取引化されていたものがひとつに集約される「結合」にあたる。結合の結果，全体では内部取引の総量が低減する。

　古い技術体系のもとで，ある均衡点にあった企業組織のあり方が，情報通

信技術革命によって変化する。これが現在の最適な均衡点を求め，スモールビジネスの隆盛と巨大合併の動きが同時に生じる状態を生み出しているのである。

2．情報化によるシステム変容と取引費用節減効果

さて，取引費用論を発展させたO. E. ウィリアムソンは，市場と企業を代替的な資源配分の手段とし，代替的な統治構造と考えていることを第3章第1節でみた。経済活動の価格調整主導型の市場的調整と数量調整主導型の組織的調整の分担を決定する要因が，生産費用の節減行為ではなく，取引費用の節減行為にあると説いている。

この取引費用の認識にとって不可欠の前提が，取引費用の人的発生要因である限定された合理性および機会主義的行動をとる「人間らしい人間」であることについても触れた。この人的な発生要因は，環境的発生要因である不確実性と少数性（少数者による交換関係）が結びつくと，市場取引を大変リスクが高く面倒なものにし，取引費用を発生，上昇させることになる。

こうした取引費用の人的発生要因と環境的発生要因のなかでも，「不確実性と限定された合理性」，そして「少数性と機会主義」といった組み合わせは特に重要である。いかに合理性において制約されていても環境の確実性が高ければ，その分，人間の合理的な判断や行動は救われることになる。また，いかに機会主義にあふれていても，潜在的な取引代替者が多数いれば，その分，取引当事者の信頼や信用が報われるからである。

三浦［1995］の分析によれば，この少数性・多数性の指標は，市場と組織の限界的な代替性を明示する取引費用関数を表現するのにも便利であるとする。「取引費用曲線の具体的な形状は，ケース・バイ・ケースでさまざまであろうが，取引費用を取引参加者数（あるいは代替可能な取引者数）の関数としてみるとき，ひとまず，次のような一定のパターンをたどるものと推定できるであろう。つまり，市場組織の限界取引費用曲線の形状は，市場構造そのものに大きく左右される。不確実性のない完全市場のもとでは，いうまで

もなく，取引費用はゼロであり，つねに市場取引だけが選好されるであろうが，不確実性を伴う現実の市場が不完全化すればするほど，したがって当事者である買手と売手が少数化すればするほど（つまり，取引代替者が少数化するほど），その分だけ取引費用は漸次上昇するであろう。他方，内部組織の限界取引費用曲線は，意思決定参加者数（あるいは包摂される被管理者数）の増大に伴って，コントロール・ロスは増大し，したがってまた，そのコントロール・ロスをカバーするための取引費用（あるいは統治費用）も漸次上昇するであろう。」(三浦 [1995], p.45.)

　図表3－2－1は，取引参加者数（もしくは潜在的な取引代替者数）の関数としてモデル化した取引費用曲線である。Mは市場の取引費用，Hは組織の取引費用，0-nは企業の内部組織化の規模をあらわす。[23] 市場の動態化が進んだり（$M \to M'$），組織の情報通信技術の導入が進めば（$H \to H'$），内部化の規模も0-n'，0-n''と拡大する。この図は，組織の統治費用を構成するものとして，組織における多数者の統治に伴って発生するコントロール・ロスの占める比

図表3－2－1：限界取引費用曲線と組織・市場分岐点（取引参加者数）

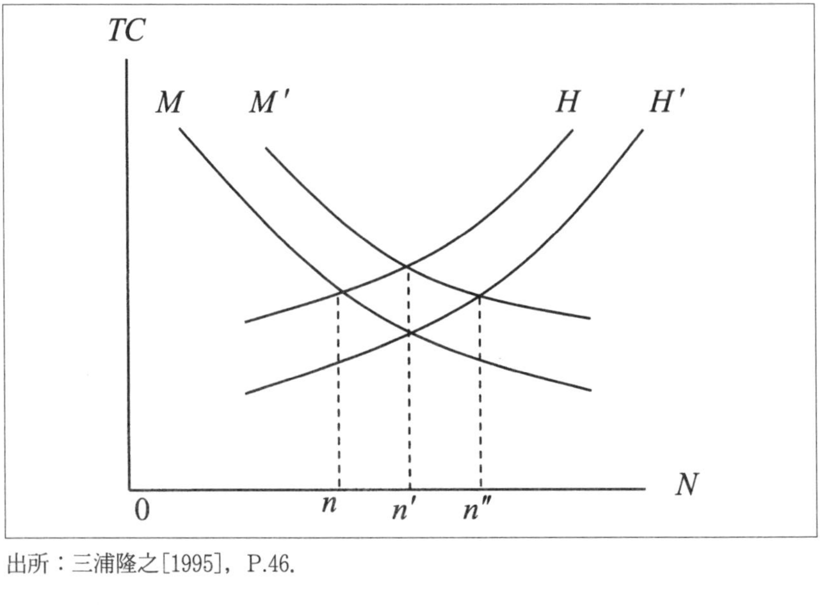

出所：三浦隆之[1995], P.46.

第3章　企業間電子商取引への取引費用論の応用

重を大きく評価したものである。[24] 取引参加者が少ないと組織化，多いと市場化という関係をモデル化した取引参加者数の少数性についての取引費用概念として重要な指標である。

　この図表において，第4章で事例研究として取り上げる鉄鋼業界をみれば，取引参加者として供給者は高炉メーカー5社，その需要家は自動車メーカーや家電メーカーといった大口需要家に限られている。

　「鋼材というのはかなり標準的な財になっているにもかかわらず，自動車メーカーと鉄鋼メーカーとの間には鋼材の納入価格をめぐって毎年のように激しい取引交渉が行われる。両社とも少数の寡占的メーカーであるので，その間の交渉は複雑な戦略的なものとならざるを得ないのである。そのような取引を成立させるためには，数多くの人的能力と資金が投入されており，交渉が長引くことによる損失を考慮すれば，市場取引のコストは相当に大きなものであろう。そこで，企業はこのような市場取引のコストを節約しようとしてさまざまな工夫を試みる。その代表的なものは，1回限りのスポットの契約ではなく，長期契約を作成しようとすることである。」（今井［1982］，p. 55.）

　このため，鋼材取引全体の約8割が0-n間で取引される中間組織型＝「ひも付き契約型」で行われている。

　またスポット的な取引が行われる市場取引型＝「店売り契約型」の鋼材取引は，1割ほどのシェアである。市場化されているが（nより右側)，この場合は高炉メーカーへ商社が自己責任で発注をし，2次問屋やコイルセンターを通して，中小企業が少量の汎用的な鋼材を取引している形態である。

　またウィリアムソンは，資産の特殊性についても詳しく言及していることをみたが，資産の特殊性は少数性をもたらす本源的な根拠になり，さらに以下の4種類の区分けをすることができる。①立地の特殊性（ex.在庫や輸送の経費を節減するために連続的な生産工程を相互に近接して位置づけること)，②物

理的資産の特殊性（ex.部品を生産するために要請された特定の鋳型），③人的資産の特殊性（ex.特定の職場でlerarning-by-doingで取得されていく当該職場に特に通用する人的な熟練），④専用化された資産（ex.特定の顧客のために拡張された生産能力への多大な投資）がそれである。

　資産の特殊性は，取引相手の代替可能性を小さくし，潜在的な取引対象者の少数性をもたらすとともに，それに伴う市場取引費用を上昇させることになるが，逆に内部組織においては，かけがえのない協力体制を運営する統治費用を相対的に低減させる。

　図表3-2-2は，資産の特殊性の関数としてモデル化した取引費用曲線である。図表3-2-1とは違い，この図表ではM線とH線の傾きが異なり，$0\text{-}k$は市場取引が適用される範囲をあらわす。k以上の資産の特殊性には，内部組織で対応した方が取引費用は低くて済むわけである。

　資産の特殊性が高まるにつれて，市場における取引費用が上昇する一方，組織における取引費用が相対的に低減することを単純化して表現したもので

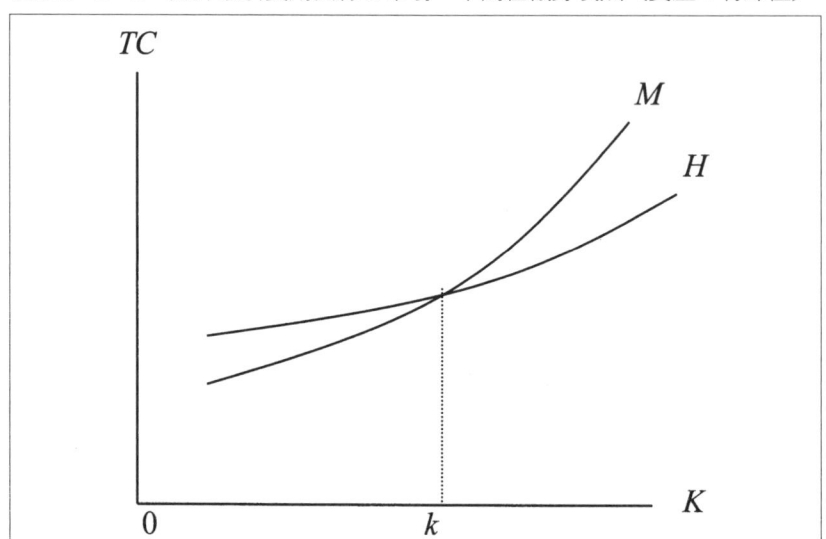

図表3-2-2：限界取引費用曲線と市場・中間組織分岐点（資産の特殊性）

出所：三浦隆之［1995］，P.48.

ある。

　なお，第4章で事例研究として取り上げる鉄鋼業の場合，中間組織型＝ひも付き契約型取引，市場型＝店売り契約型取引で取り扱われる鋼材の資産の特殊性をみると，以下のような特徴がある。

ひも付き契約型取引：
　ひも付き契約は1年間の契約である。この需要家は鋼材使用量が非常に多い。また，品種もその需要家向けに特別な仕様で生産される場合が多い。そのため，製鉄所や使用する製造ラインが決定していることが多い。
①立地の特殊性：需要家との立地的距離よりも需要家の使用方法に応じた仕様で生産できる製鉄所で生産する。そのため製鉄所や使用する製造ラインが決定していることが多い。また，輸送は専用トレーラで行うことが望ましい。しかし，製鉄所と需要家の立地的距離が大きい場合も多く，その場合は船舶での輸送になる。
②物理的資産の特殊性：鋼材製品は需要家の仕様に基づいて生産されるため，その需要家にしか出荷できないことも多い。鉄鋼製品に対する成分・厚みといったカスタマイズ性が求められるため，高炉メーカーの一貫製法の中に組み込まれる。
③人的資産の特殊性：製鉄所には人的特殊性は無いが，ラインごとに作ることができる鋼材の特殊性がある。また，コイルセンターでは歩留まりを大きくすることが収益確保にとって大切であるが，これは計画者の技量に大きく依存する。
④専用化された資産：鋼材製造設備，輸送設備，クレーンなどのハンドリング設備ともに専用のものである。また，関係する企業間のネットワークも専用に近い。

店売り契約型取引：

①立地の特殊性：取扱量はひも付き契約型のそれと比べ少量であるが，人が持てるような軽量の鋼材は少ないため，クレーンのある工場でハンドリングする。また，運搬車両はクレーン装備車で輸送することもある。さらに，需要家からみると，欲しいもの全てが入手できるほうが好ましいため，浦安の鉄鋼団地のように多くの鋼材卸・コイルセンターが集まっているケースもある。

②物理的資産の特殊性：倉庫兼加工場では何らかの切断等の加工を行うことが多い。そのため，小規模な加工場ではガスによる切断装置，のこぎり等を装備する。中規模以上の倉庫兼加工場ではクレーンとともに，シャー，スリッター等の切断装置や巻き取り装置を装備している。さらに各種の加工切断装置を持つことは投資額が大きくなるため，丸棒が得意，厚板が得意，コイル・フープが得意など，会社ごとに分かれている。

③人的資産の特殊性：販売にあたって一般的に切断をおこなう。そのため，捨てなければならない鋼材が多くなると，不利益をこうむる。そのため，切断にあたっては，歩留が高くなるように切断をする。この切断計画作成には熟練を要する。

④専用化された資産：市場型取引である性格上，特に発生しない。

また，第2節でみたように，企業の情報化は，取引費用を削減する。ピコー［1996］は，取引費用と特殊性の度合い，統合形態の相互関係（市場，中間組織，企業）について，情報化前後の中間組織論的な分析を行っている。[26・27]

この市場，中間組織，企業における情報化の効果を抽出したものが図表3－2－3である。取引費用とその環境的発生要因である資産の特殊性は，取引費用（TC）は，特殊性（K）の関数であり，$TC=TC(K)$と示すことができる。今，ある主体において，特殊性が上がるに従って，取引費用（TC）を構成する探索・情報（tc_1），交渉・決定（tc_2），監視・強制（tc_3）のための手間と時間はより多くかかり，これらの手間と時間は逓増的に増加するから，その総和である取引費用（TC）は逓増的に増加する。図表3－2－3は，

第3章　企業間電子商取引への取引費用論の応用

取引費用と特殊性との関連をみている。取引費用（TC）は，固定的取引費用と変動的取引費用とから構成され，図では，変動部分vcの総和$vc_1+vc_2+vc_3$をTVC，固定部分fcの総和$fc_1+fc_2+fc_3$をTFCとし，その和を取引費用（TC）としている。固定的取引費用（TFC）とは，取引頻度や一回の取引とは独立して生じる費用であり，情報処理において必要な人員に対する費用等である。変動的取引費用（TVC）とは，取引頻度や各取引量に応じて変化するものであって，取引の度に発生する費用であり，特殊性が高くなるほど必要な情報量が増加してくるため，その費用は逓増的に増加する。

次に情報化と取引費用の関係をみると，情報化は各取引費用をそれぞれ，①探索・情報にかかわる費用はデータベース構築とその利用，②交渉・決定の費用は業務システムのオンライン・ネットワーク化と単品・個別管理，③監視・強制費用は取引および業務過程全般のネットワーク化により，節減する効果を有する。特に①探索・情報にかかわる費用については，情報化は大幅な節減効果を有する。

また$TC=TFC+TVC$であるが，固定的取引費用（TFC）は，従来の情報処理において必要であった人員に対する費用等が節減化される。こうした取引費用節減化の影響は，TC線を右方にシフトさせる。変動的取引費用（TVC）は，特殊性が高くなるほど必要な情報量が増加してくるが，情報化により，大量のデータを処理することが可能となり，取引費用の節減化が実現される。特殊性が高く，必要なデータ量の多い場合の方が，情報化による節減化効果を一層多く得られ，また当事者間の距離に関しても，遠距離である方が取引費用節減効果は大きくなる。こうした情報化による取引費用節減化の影響は，特殊性に対して一様に減少するのではなく，TCにみるように特殊性が高くなるにつれて傾きが低下する。

こうした取引費用節減効果は，図表3-2-3でみれば，$TC \rightarrow TC'$への移行である。

第4章で事例研究として取り上げる鉄鋼業の場合，情報化以前の中間組織型はひも付き契約型取引，市場型は店売り契約型取引で鋼材は扱われていた。

図表3－2－3：取引費用と資産の特殊性の関係

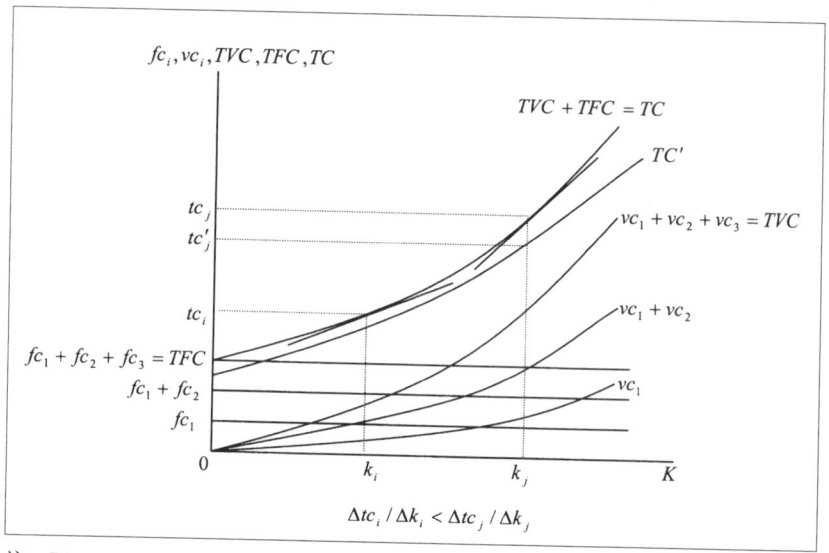

注：Picot, A. and Ripperger, T. and Wolff, B. [1996], pp.68-72. を参考に筆者作成。

図表3－2－4：情報通信技術（IT）導入における各調整メカニズムの変化

	中間組織型	市　場　型
IT導入　以前	ひも付き契約型取引	店売り契約型取引
IT導入　以後	鉄鋼ECシステム	鋼材ドットコム

注：筆者作成。

　情報通信技術が発展し，中間組織型には鉄鋼ECシステム，市場型には鋼材ドットコムという電子商取引システムが導入されている（図表3－2－4）。鋼材取引の情報化は，図表3－2－3にみられるような$TC \rightarrow TC'$へのシフトを引き起こし，大幅な取引費用節減効果をみせている。

3．情報化による費用増大と対策

　前項までみてきたように情報化は企業間商取引の費用節減効果を有する。

76

しかし一方で，費用増大を招く側面もあることを指摘できる。情報通信技術を導入するためのPC等の設備投資費用は，特に中小企業にとっては依然大きな負担を強いる。また，ネットワーク形成およびシステム構築費用については膨大な費用がかかるため，どの組織が開発についての費用を負担するのか，また運用時の費用面からも問題が残る。

初期の設備投資費用は近年の情報通信技術の発展に伴う機器の低価格化によって，またシステム構築にあたっても研究プロジェクトとして各業界への政府補助により費用増大は緩和されつつあるが，こうした情報化による費用増大効果は依然存在する。

また，電子商取引には特有の取引費用を増大させるリスクも存在する。今後，電子商取引はますます進展すると予測されるが，この取引費用を増大させるリスクについての対策は急務である。

電子商取引特有のリスクとして，まず第1に非対面取引であるため，取引の成立（契約行為）に関するリスクがある。例えば，企業間電子商取引を利用して商品購入をする際，数量を誤入力した（数量「10」と入力すべき所を「100」と入力）した場合，その契約は有効であるかという問題が生じる。従来の商取引では対面取引のため，担当者とのやり取りの中で直ちに訂正すればよいが，電子商取引では送信済みのデータを訂正することは困難である。また，相手が第三者になりすます等の詐欺的行為がないかを事前確認するための費用は相当である。

第2に，契約と物品の移転が同時に行われない一般的な電子商取引は，契約履行に関するリスクが従来の商取引と比較して大きい。

第3に，ネットワーク環境に関するリスクがある。様々な視点から分類が可能であるが，自然災害や事故といった偶発的リスクと，犯罪など意図的リスクに分けることができる。電子商取引では，Webページの開設者，電子商取引市場の運営者，ISPなど多数の人間が関与している。そのため，決済データなどの消失が起きても，責任の所在を明らかにすることは難しい。

このように企業間商取引の情報化は，取引費用を低下させるのみではなく，

増加させるリスクが存在する。インターネット上の規制と競争を考えるとき，この取引費用を最も低くするシステムを構築することが重要である。

また，費用負担の問題も生ずる。電子商取引では，比較的容易に需給双方の当事者になり得るため，個々の需給者が独自に取引相手の確認や契約内容の信頼性を確保するための費用負担することは難しい。

同様に，情報の内容を保証するシステム構築は難しく，さらに民主導官補完というわが国の情報通信政策上，公的機関が介入するケースは考えにくい。その費用を軽減するシステムをどのように構築するのか，という問題が発生してくる。

今後，どのような形態のセキュリティ・認証機関のシステムが形成されていくか不明な部分も多い。しかし，その形成については市場メカニズムにまかせるとしても，政府は制度的基盤，特にセキュリティ基準の作成や認証について，法的拘束力を持つための環境整備を急ぐべきである。

注

(20) 取引費用の発生要因について，ウィリアムソンの諸説の下，遠山 [2002] に拠っている。

(21) 本節は松石 [1994] に拠っている。但し情報通信技術革命以前の記述であり，現在に対応していない。

(22) 取引関連産業群とは総経済費用最小化のため一国の生産・物流・取引の諸機能のうち取引機能が各種財・サービスごとに分化・独立して形成された産業の総称であり，卸小売業・金融業・不動産取引業等をさす。

(23) 図表3－2－1，3－2－2のH (Hierarchie：階級組織) について，本論文では中間組織として捉えている。Picot [1996] は，M：市場，H：中間組織，F：企業に分類し，より詳細に組織・市場分岐点について分析している。

(24) 詳しくは，三浦 [1995] および三浦 [1980] を参照されたし。三浦はウィリアムソンの取引費用形成要因の修正案を図式化し，考察を行っている。

(25) ただし，現実には組織においても資産の特殊性が高まれば，その特殊性の要請をさまざまな生産局面において時間的・空間的にその都度整合させていくための取引費用が上昇する場合もある。しかし，H線の勾配がM線の勾配

第 3 章　企業間電子商取引への取引費用論の応用

よりも緩やかであるために，資産の特殊性が高いと組織化，低いと市場化という基本論理には変わりはない。

(26) こうした中間組織論による情報化のアプローチには，以下のものがある。Malone, Yates, Benjamin [1987] は，電子市場という概念を提起し，情報技術は，①コミュニケーションにかかる単位費用を下げ，②資産の特殊性を減少させる。これが取引費用の削減となり，より多くの取引が市場の方向にシフトするとした。しかし，情報先進国・米国では市場化は予期されたスピードでは進まず，階層組織でもなく市場でもない，パートナーシップのような中間的な形態が出現した。このような実態を踏まえて，新制度派経済学的なアプローチから，中間的な形態についての研究が進められた。Clemons, Reddi, Row [1993] は，自由市場取引ではなく，少数の企業を相手に長期契約的に取引をする中間組織が支配的になるとした。またPicott, Ripperger, Wolff [1996] は，情報処理伝達費用の減少，ハードやソフトの費用低下，情報システムの汎用性や標準性の増大といった情報技術の影響を分析し，特定の取引形態に収束することはないとしている。

(27) Picot, A. and Ripperger, T. and Wolff, B. [1996].

第4章 企業間の電子商取引化
－鋼材取引業務の事例研究

　情報通信技術の発展は，インターネット上での商取引を可能にし，電子商取引はその規模を急速に拡大しつつある。経済産業省［2003］によれば，わが国における企業間電子商取引は，2000年：21.6兆円，2001年：34.0兆円，2002年：46.3兆円と，年平均40％程度の成長率を維持している。また品目別内訳では，「電子・情報関連機器」，「自動車」が先行しているが，「建設」，「食品」，「鉄・非鉄金属・原材料」等の急成長が予想されている。

　こうした品目別内訳の中でも，鉄・非鉄金属を扱う鉄鋼業界は，1968年の取引情報の標準化から，鋼材取引EDI化研究の着手（1990年），その後の情報通信技術の発展に伴い，他業界に先駆けた「鉄鋼EDI標準」化を図っている。こうした標準化および情報化が急成長の要因の1つといえる。

　本章ではこれらの点を踏まえ，企業間電子商取引の事例研究として，オープンEDIによる効率的な企業間ビジネス基盤を提供する中間組織型電子商取引＝「鉄鋼ECシステム」[28]の構築・導入，またオープンでニュートラルな鋼材市場を提供する市場取引型電子商取引＝「鋼材ドットコム」[29]の構築・導入により，どのような効果が得られるかを経済学的接近法として取引費用節減効果の面から捉える。

第1節　電子商取引化以前の鋼材取引業務

a．鉄鋼業の実際

　鉄鋼は「産業のコメ」と呼ばれ，各産業にとって必要不可欠な基礎素材であり，鉄鋼製品の用途は広く種類も豊富である。建設・自動車・電機・産業機械など，日本の基幹産業を支える重要素材産業である。

わが国の普通鋼鋼材需要5,812万トン（2003年度）のうち，建設向けが約5割，自動車産業向けが2割弱，その他機械産業が2割というような構成となっている（経済産業省・鉄鋼需給動態統計：http://www.meti.go.jp/statistics/downloadfiles/h2j1210010j.xls）。

次に鉄鋼製品の製造工程をみると（高炉メーカー），大きく，製銑・製鋼・各種圧延の各工程に分けることができる。

製銑は，酸化鉄を成分とする鉄鉱石を原料にし，石炭をコークス炉で高温乾留してつくられるコークスを熱源および還元剤とし，さらに不純物を除去する溶剤である石灰石を加えて，巨大な高炉のなかで，銑鉄を製造する工程である。溶けた銑鉄はイオウなど不純物を取り除く溶銑予備処理を加えられながら貨車で製鋼工場へ運ばれる。

製鋼は，溶銑を主原料とする転炉，鉄スクラップを主原料とする電炉，銑鉄と鉄スクラップを使用する平炉の3方式があるが，高炉メーカーの製鋼法の中心は転炉による方式となっている。転炉は炉を傾けて溶鋼を出すよう回転できる壺型の炉であり，上方や底から純酸素を吹き込み原料の溶銑に含まれる炭素を燃やして鋼を製造する。製鋼が終わった段階の鉄鋼を粗鋼と呼び，鉄鋼生産量の基準となっている。

成分の純化が更に必要な高級鋼をつくる場合は，製鋼の最後の段階で，取り鍋や別の炉で好ましくない酸素や水素等を不活性ガスにより取り除く二次精錬というプロセスを経る。

製鋼工程と鋼板や棒鋼，鋼管といった鋼材を製造する圧延工程の間に，溶鋼から形状の違いによりスラブ，ブルーム，ビレットと呼ばれる鋼片という半製品を作り出す工程が必要である。

この工程の中心的な製法は連続鋳造とよばれる方式である。連続鋳造は，溶鋼を鋳型に滝のように注ぎ，その鋳型を冷却し，中で固まってきた鋼を鋳型の底から帯のように連続的に引き出しながら，垂直，あるいはカーブさせて下へ降ろしていく。最後にこの帯状の鋼をカットして鋼片とする。

第4章　企業間の電子商取引化－鋼材取引業務の事例研究

図表4－1－1：鉄鋼製品フロー図

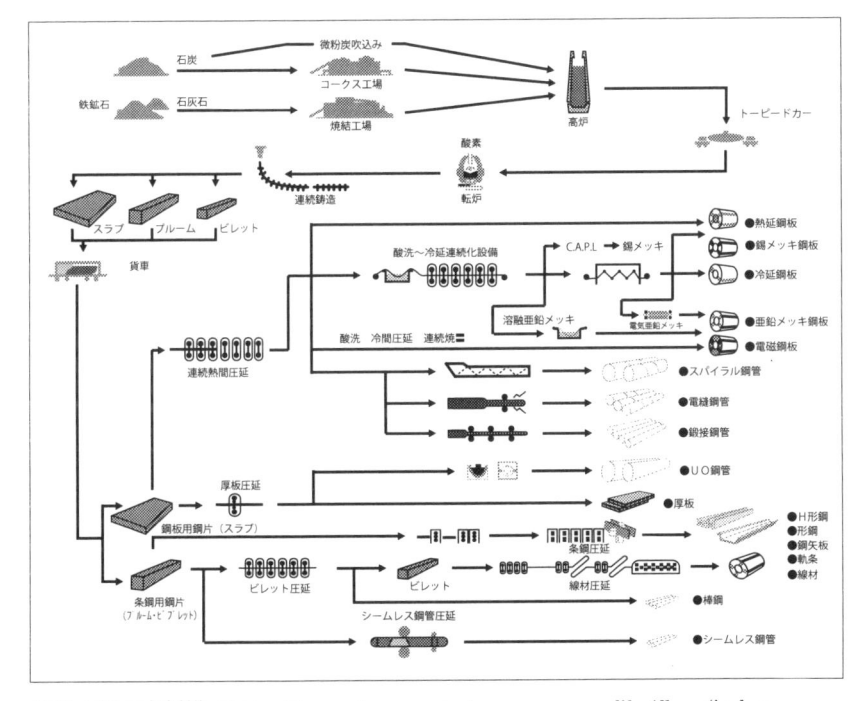

出所：新日本製鐵＜http://www0.nsc.co.jp/company_profile/flow/index.html＞.

　鋼片を厚板，薄板等の鋼板，あるいは棒鋼，H型鋼等の形鋼，継目無鋼管（シームレスパイプ）等の鋼管に加工するのが上下のロールにはさんで押し伸ばす圧延工程である。形状を整えるばかりでなく圧力や熱処理が同時に加えられ，鋼の材質，強度，緻密さが調整される。圧延は加熱して押し伸ばす熱間圧延とそこでできたものを常温で更に伸ばす冷間圧延とがある。

　鋼板圧延では，通常は3mmを境に厚板と薄板に分けられる。鋼板の熱間圧延は，加熱炉で加熱したスラブを粗圧延機にかけ，一定の厚さにした後，仕上げ圧延機で更に所定の薄さにしていく。厚板の場合は，仕上げ圧延機の間を何度も往復させて目的の厚みに伸ばしていく。薄板の場合には，複数の粗圧延機と仕上げ圧延機を一直線に並べ素材を一方向に走らせて連続的に製造

し，終点で巨大なトイレットペーパーのようなコイルに巻き取られる。ヨコ幅はスラブのヨコ幅とほぼ同等なまま維持される。この過程での製品はホットコイル，広幅帯鋼である。

ホットコイルは，そのまま最終製品になる他，冷間圧延設備を経て冷延薄板になり，さらにメッキ鋼板等の表面処理鋼板に加工されるもの，縦にスリットして帯鋼になるもの，それが溶鍛接されて鋼管になるものなど，中間製品として広い用途を持つ。

なお，以上のような一連の製造工程で，一度熱くなった材料を，冷えて再度熱する必要がないよう連続的に処理していくための技術が生産性向上のための基本となっている（図表4－1－1）。

b．メーカーの形態

鉄鋼業は製法や工程によって高炉メーカー，電炉メーカー，単圧メーカーの3つに分けられる。

高炉メーカーは，基本的に，製銑，製鋼，各種圧延を一貫して行い，多品種の鉄鋼製品を製造するわが国の中核をなす鉄鋼メーカーである。高炉からの銑鋼一貫製鉄法は，鉄鋼を大量生産するには最も合理的な方法であり，作業が鉄鉱石から始まり，上流から下流にかけての一貫した品質管理が可能なため，需要家の求めに応じた良質の製品をつくることが可能である。一貫製鉄所を有する高炉メーカーは，新日本製鉄，住友金属工業，神戸製鋼所，日新製鋼，JFEスチールの5社である。

電炉メーカーは，鉄スクラップを主原料に電炉によって製鋼し，圧延を行う企業をいう。主要製品は棒鋼や形鋼で主要需要産業は建設業である。高炉メーカーに比べると規模，生産量とも小さく，中小規模の企業が多い。東京製鉄，合同製鉄，大阪製鉄等が代表的である。

わが国の粗鋼生産量に占める高炉と電炉の比率（2002年）は72.9％対27.1％であり，電炉比率は6年連続低下した。国内電力料金が対欧米で割高なためもともと不利な上，建設不況が加わって電炉メーカーの経営は厳しい。わ

が国の状況は，米国，EU，韓国，台湾で電炉比率は4割を越えているのと対照的である。

単圧メーカーは，製銑，製鋼の設備を持たずホットコイルなど半製品を購入して圧延や再圧延，表面処理，製管などを行う企業であり，製品は小型棒鋼，薄板，ブリキなどに特化している。

c．製品の性格

鋼材には，普通鋼と特殊鋼があり，形状別には前者は軌条，鋼矢板，簡易鋼矢板，形鋼，棒鋼，線材，厚板，中板，熱延薄板類（代表品目：鋼帯），冷延薄板類（代表品目：冷延広幅帯鋼），冷延電気鋼帯，ブリキ，亜鉛メッキ鋼板，その他の金属メッキ鋼板，鋼管，外輪に，後者は熱間圧延鋼材（形鋼，棒鋼，線材，鋼板，鋼帯），冷間仕上げ鋼材（磨帯鋼，冷延広幅帯鋼，冷延鋼板）および鋼管（熱間，冷間）に区分される。

鋼材は，その物理的性質あるいは科学的成分から，および生産財としての性格のために，それぞれの形状あるいは用途別に標準化，規格化および均質化が要求される。鋼材は，同一品質・同一規格という土俵において取り引きされ，価格，納期，（数量）が重要な競争要因となる。ただし，品質や製品分化あるいは特殊性に基づく価格差は当然ある。鋼材の場合にも製品差別化は行われている。たとえば，薄板は「錆がつきにくく，表面がきれいに，手触りがいいように」あるいは「亜鉛メッキしたり，アルミメッキしたりして」差別化が行われている。その背景は，乗用車や家電製品等における高級化，高付加価値化のニーズの高まりの中で冷延広幅帯鋼や亜鉛メッキ鋼板に対する需要が増大していることである。

d．鋼材の流通

図表4-1-2は，普通鋼材の流通経路および売買形態を簡単化したものである。第一の売買形態は，生産者が問屋を通さずに直接需要家と売買契約を結び，製品を直送するもので，直売（ジキバイ）と呼ばれる。これは国内の

鋼材出荷量の約14％を占める（次工程向けの加工原料12％，JR向けの軌条・外輪等2％，1989年度）。

第二は，問屋を経由するもので，これには a)ひも付き契約型取引と，b)店売り契約型取引とがある。前者は出荷量の81％，後者は5％を占める。ひも付き契約型取引とは，生産者が需要家を指定して先物契約し，形式上問屋を通すが，大手高炉メーカーと自動車製造業，建設業，船舶製造業，電気機器製造業等の大手需要家との取引である。店売り契約型取引とは，問屋が自らの市場判断に基づいて生産者と随時契約して買い取り，自社の倉庫に納めたのち，需要家や特約店に販売するもので，高炉，電炉メーカーの製品がこのルートで流される。

第三は，問屋あるいは生産者から需要家や特約店に流れた製品が更に相互に，あるいはその次の販売店に売り渡されるときに成立するものである。
第四は，公開販売制度を取っている競争品種（厚中板，小棒，中棒，中形形鋼，線材，薄板）の場合で，生産者と問屋が一堂に会して，数量と価格が集団的

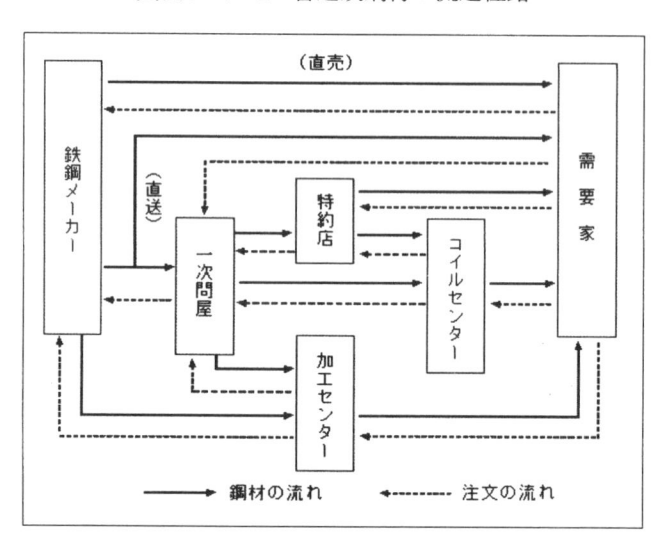

図表4－1－2：普通鉄鋼材の流通経路

出所：社団法人 鋼材倶楽部[1991]，p160.

第4章　企業間の電子商取引化－鋼材取引業務の事例研究

に決定されるものである。

　鋼材の流通は，情報の流れ＝情報流と，物の流れ＝物流との二つの形態から成り立っている。情報流は，鉄鋼メーカー⇔一次問屋⇔（二次問屋：特約店）⇔需要家という流れで，実際のものを扱う物流は，鉄鋼メーカー⇒コイルセンター（または鉄鋼倉庫）⇒（特約店）⇒需要家という流れである。また，問屋を経ずに，鉄鋼メーカーから需要家に直接販売される直売もある。

　しかし，実際の流通経路はこのような縦の流れだけではなく，各流通段階で横の流れである仲間取引も行われている。

　こうした電子商取引化以前の鋼材の流れをみた場合，商社（一次問屋）の役割は非常に重要である。高炉メーカーから需要家に至る鋼材取引において，そのほとんどが商社を経由し取引されている。商社はその情報流において，商品販売およびメーカーの事務代行，危険負担，金融機能，情報収集伝達，与信等といった機能を果たしているが，商社を経由したこうした取引は過大な取引費用を発生させているともいえる。

　現在，商社の情報流で果たす役割のほとんどを電子商取引システムに置換することができる。情報化は，鋼材取引に関する過大な取引費用を節減化する効果を有するとともに，商社の役割を大きく変えている。後に述べるように，総合商社の鉄鋼部門統合・縮小は，まさにこの流れを示している。

1．特殊型鋼材取引（ひも付き契約型・中間組織型）

　鋼材販売の契約形態は，鉄鋼メーカー・需要者間で販売条件，仕向先を決めるひも付き契約型と，鉄鋼メーカーとの契約段階で需要家が特定されない店売り契約型に分けられる。

　ひも付き契約型取引は，鉄鋼メーカーと需要家の双方が製品の共同開発や安定供給確保のため，販売価格等を含め直接交渉する契約形態である。したがって実質的には鉄鋼メーカーと需要家との直接売買に近い性格を帯びるもので，商社は代金回収やメーカーの事務代行業的業務のみを行う。

図表4−1−3：ひも付き契約型における鋼材情報の流れ

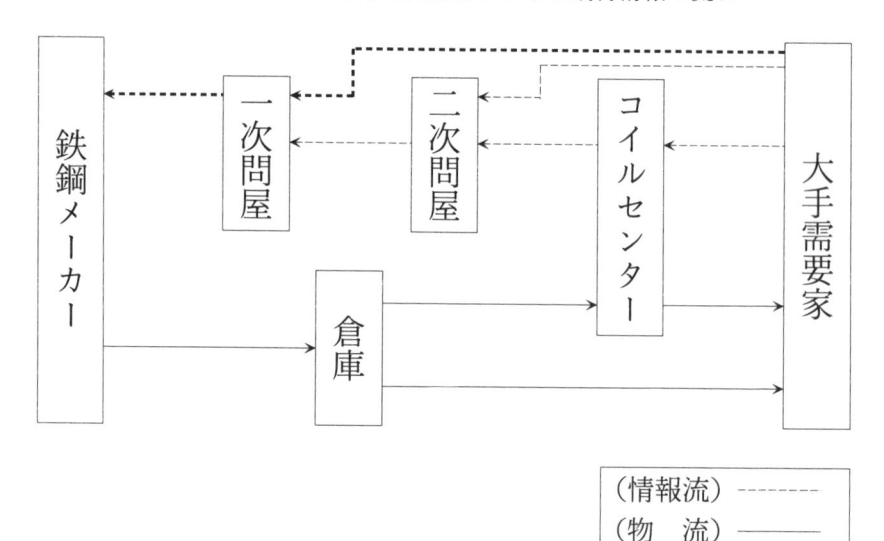

```
鉄鋼メーカー ← 一次問屋 ← 二次問屋 ← コイルセンター ← 大手需要家
                          ↓              ↓
                         倉庫 ──────→ コイルセンター ──→ 大手需要家
                                                    
（情報流）--------
（物　流）―――
```

注：筆者作成。

　図表4−1−3は，ひも付き契約型における鋼材情報の流れおよび物流を簡単化した図である。鋼材の物流では，供給者である鉄鋼メーカーから各問屋の倉庫，コイルセンターの倉庫を経由し大手需要家へと流れる。

　また情報流において発注の流れを確認すれば，大手需要家から一次問屋を通して鉄鋼メーカーへというルートが主である（太い破線で図示）。ただしコイルセンター，各問屋が物流に関係しており，また在庫を抱えているため，大手需要家からコイルセンター，二次問屋へというルートも存在する（細い破線で図示）。

　ここで，ひも付き契約型のサプライチェーンを川上から川下まで概観する。原材料である鉄鋼石や石炭は，高炉メーカーと鉱山が商社経由で契約を結んでいる。高炉メーカーは，鉄鋼の需要予測をもとに原材料の需要を決め発注する。ここで介在する商社と鉄鋼メーカーの関係は川下の鉄鋼流通を担当する商社と鉄鋼メーカーとは異なり互恵関係はない。

　鉄鋼の流通では，商社（一次問屋）が受発注業務や物流に関して大きな役

第4章　企業間の電子商取引化－鋼材取引業務の事例研究

割を果たす。商社は，最終需要家や加工センターからの発注を受け，鉄鋼メーカーに生産発注をする。基本は受注生産ではあるが，自動車や電機業界向けの鋼板などのリピート品は，3ヶ月の需要予測に基づき，商社が鉄鋼会社に発注し，生産される。最終需要家あるいは加工センターからの確定納期は，1ヶ月となる。このため，製鉄メーカーのヤードや物流基地，加工センターで在庫が生じる。鉄鋼メーカーの在庫は，製鉄所を出荷するまでであり，製鉄所出荷後は商社の在庫となる。物流基地から加工センターに持ち込まれるまでは商社の在庫となるのが一般的で持ち込まれた時点で納品を完了する。加工センターは，製品を切り出して最終需要家に納入する。最終需要家の要求に応えるために加工センターは在庫を保有するリスクを生じる。ここで生じる金利や在庫リスクを商社がシェアする場合も多い。

　商社は，鉄鋼メーカーからの生産進捗状況，物流情報，在庫情報と加工センター（コイルセンター等）の在庫状況を受け取り，加工センターや最終需要家からの発注状況と需要予測を突き合わせて，需給調整をする。

　鉄鋼メーカーは，生産管理システムや物流管理システムを持っているが，製品の受発注管理，納期管理，需給管理は商社に任せている。鉄鋼メーカーは商社に生産情報や在庫情報を与えるが，鉄鋼業界の需給調整は戦前から国をまきこんだ形で行われている。現在では鉄鋼業界団体のもとに市中在庫情報の連絡会を持っており，そこで事実上の需給調整が行われている。大手鉄鋼メーカーはその連絡会の情報をもとに国内向けの生産（量）計画を作成している。メーカー主導で個別受注の需給管理，納期管理をしているとはいえない。物流基地は，鉄鋼メーカー系のものと，商社系のものがある。加工センターは，鉄鋼メーカー系商社系と独立系がある。物流の効率改善のために系列の加工センター同志の統廃合や共同配送を進める動きはあるが，系列を越えての統廃合，共同配送はお互いの利害関係があり進んでいない。

　鉄鋼の原材料である鉄鉱石や石炭，石灰石は，鉄鋼メーカーで調達している。しかしながらその価格決定は「チャンピオン交渉」とも呼ばれており，

たとえば鉄鉱石では新日鉄と豪州鉱山会社の間で決定された価格を基準にして各メーカー間で個別に決定される。製鉄所の生産スケジュールは，商社からの発注に応じて各仕様の製品の生産が最適化されるように綿密にスケジューリングされ出荷される。出荷された製品（コイル）は，鉄鋼メーカー各社が保有する物流基地に，船舶やトラックにより輸送される。物流基地からコイルセンターに輸送されたコイルは，コイルセンターで，最終需要家が加工しやすい形状（板状もしくはフープ）に加工され，電機メーカーや機械メーカーなどの最終需要家（数トン／コイル）に出荷される。また，コイルセンターから一次加工業者，二次加工業者を経由して最終需要家に納入される場合もある。

一方，自動車のボディなどに利用される表面処理鋼板などは製鉄所からコイルとして自動車メーカーに直接納入される場合がある。

また，需要予測においては，鉄鋼の確定納期は，1ヶ月であり，需要予測に関しては，3～6ヶ月単位でローリングしている。鉄鋼商社が，最終需要家や加工業者（コイルセンター）から需要予測データを収集し，とりまとめて，鉄鋼メーカーに1ヶ月の確定納期で発注する。鉄鋼メーカーは，商社からの発注データと予測データを受け取り，生産計画を立てる。また，鉄鋼製品のサイクルタイムは，特急の製品で10日位の納期も可能であるが，製造工程の最適化を考慮すると約1ヶ月から3ヶ月と考えられる。従って，商社からみた場合，鉄鋼メーカーの生産は受注生産となる。

しかし，最終需要家からの発注納期は，通常1ヶ月よりも短かく，カンバン方式の場合は生産の数時間前もしくは数日前に発注されることも多いので，商社が最終需要家から発注を受けた場合（リピート製品の場合），商社は鉄鋼メーカーに見込み発注をすることになる。また，ひも付き契約型の場合もJIT納入を要求されるため，在庫を必要とする。この場合の在庫リスクは，基本的には商社や加工センターが持つことになる。

鉄鋼メーカー，商社，物流基地，コイルセンターでの業務プロセスは，専用線でのEDIにより電子化されている。EDIは，産業情報化推進センター

(CII) に準拠した鉄鋼業界標準フォーマットとなっているが，鉄鋼商社は場合により複数の鉄鋼メーカーと取引をするため，各鉄鋼メーカーのEDIに対応するトランスレータを持っているケースも多い。

2．一般型鋼材取引（店売り契約型・市場型）

これに対し，店売り契約型取引は問屋が鉄鋼メーカーと契約する際，販売先の需要家が指定されていないもので，問屋は自己責任と負担で仕入れ，これを自由に小口需要家，特約店，問屋仲間に販売する。

図表4－1－4は，店売り契約型における鋼材情報の流れおよび物流を簡単化した図である。その物流において鉄鋼メーカーから各問屋の倉庫，コイルセンターの倉庫を経由し需要家へと鋼材は流れるが，実際には仲間取引が行われるなど，各問屋，コイルセンター，中小需要家の3者間での小口の流通が主である。

また情報流において発注の流れを確認すれば，一次問屋から鉄鋼メーカー

図表4－1－4：店売り契約型における鋼材情報の流れ

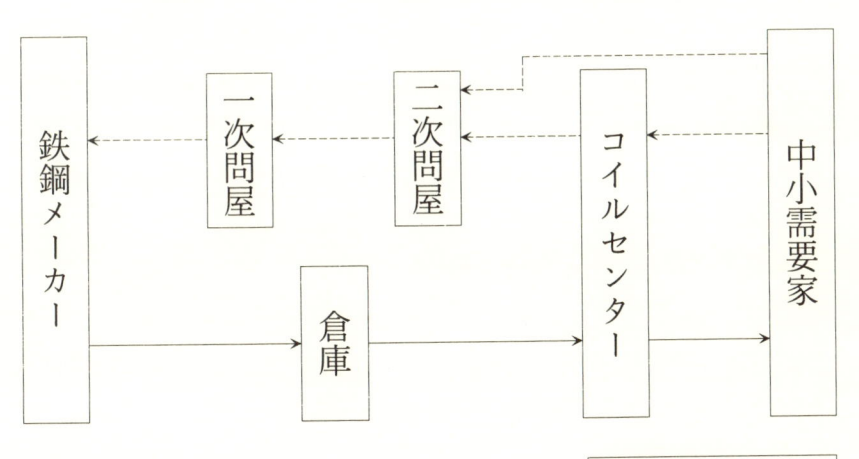

注：筆者作成。

への発注は自己責任で行われ，長期計画に基づかないコイルセンター，二次問屋，小口需要家からの発注に対応する。また各問屋，コイルセンターとも在庫を保有しているため，3者間相互での受発注が存在する。

　このようにひも付き，店売り契約型とも独特の流通フローであり，従来の鋼材取引業務には以下のような課題を抱えている。

①需要家の生産予定や中間流通在庫等を，発注企業が労働集約的な方法で把握の上，鋼材所要量として取りまとめているなど，企業間受発注に関する情報収集業務が非効率である。
②供給者から需要家納入へ至るまでに複雑な物流を経て多くの企業が関係していること，鋼材流通過程における鋼材加工プロセスにより，様々な加工による現品の形状変化が発生すること等から，鋼材流通過程における一貫現品情報把握が困難である。
③一部企業間では，受注・発注・発送・検収等の定型情報のEDI交換を実施しているが，中小企業では初期投資が大きいため普及に至っておらず，また実施企業間においても膨大な定型伝送量に対し，その活用が非効率である。企業としての「受注」等の決定をするために必要な情報である非定型情報については，労働集約的な把握・交換となっており，効率化を阻害している。

　このような課題により，従来の鋼材取引業務には，膨大な取引費用が発生していた。

　鋼材取引においては，資産の特殊性により，その契約形態により情報流・物流が相違する。そこで複雑な鋼材流通の課題を改善するため，インターネット等の情報通信技術を利用した電子商取引システムが，ひも付き，店売り契約型とも開発されている。

第2節　鋼材の電子商取引化

1．特殊型鋼材（ひも付き契約型・中間組織型）の電子商取引化
　―鉄鋼ECシステムにおける企業間電子商取引ビジネスモデル

　鉄鋼ECシステムは，業際業務モデル，業際プロトコル，インターネット上の分散オープンデータベース（以下DB）構築技術，企業間情報検索エージェントシステムを設計・開発し，物流・情報流が川下に分散展開する中，高炉メーカーから電機メーカーに至るサプライチェーン参加企業が，鋼材流通にかかわる一貫的な情報検索を，インターネットを活用した企業単位のオープンDB環境の下で行うものである（図表4-2-1）。

　鉄鋼EDIセンター[30]が設置した「鉄鋼ECネット管理運用センター」が運営主体となっている。

　本システムは旧通商産業省による「企業間高度電子商取引推進事業」の関連プロジェクトとして，1996年～1998年にシステム構築費用について政府が半分に当たる約25億円の額を補助し，開発・運用されている。また本著で論じる鉄鋼ECシステムは「高炉メーカー～家電メーカー」の実証実験（第1期，第2期）をベースにしている。

　システム構築にあたっては，対象業務の分析と実態をふまえたEC業務モデルの設定が重要であり，「業際業務モデル設計」作業が行われている。これに基づき，業務モデルを成立させる要件（標準化・データモデル・処理機能）の整理・検討を行い，それぞれ「業際プロトコル開発」，「標準業際システム開発」および「情報検索エージェントシステム開発」作業として実施し，これら成果を総合的に結実させている（図表4-2-2）。

　「業際業務モデル設計」については，業際業務の飛躍的効率化，業際ビジネススピードの向上，需要変動に即応した生産の実現あるいは在庫削減等の効果を期待し，(1)鋼材の受払業務モデル（受発注業務関連），(2)母材デリ

図表4-2-1：鉄鋼ECシステムとSC参加企業

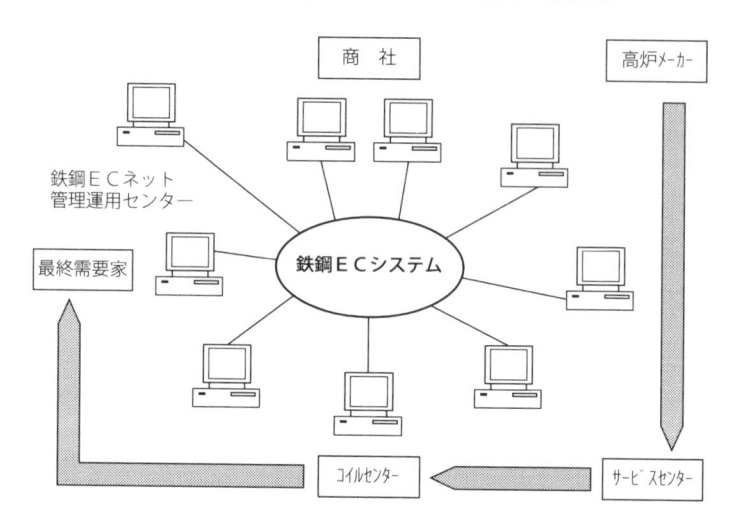

注：新日鐵ソリューションズ資料およびヒヤリングより筆者作成。

バリー業務モデル（高炉メーカー〜コイルセンター），(3) 成品デリバリー業務モデル（コイルセンター〜電機メーカー），(4) 現品探索業務モデル（個別情報検索），(5) 高炉メーカー検査成績照会業務モデル（品質情報交換）という5モデルを設計している。

業際プロトコルおよび分散オープンDB構築技術の開発については，各社が保有する物流・情報流一貫情報をインターネット上のオープンDB（各社別）へ公開するためのEC業務モデルを支える固有の機能として，以下の仕組みを設定している。

(a) オープンEDIを利用する上で必要となるデータ定義，オープンDBおよびセキュリティに関する標準案を「オープンEDIプロトコル」として策定した。
(b) 現品形状と現品情報が川下分散する体系上で一貫的に情報把握する仕

第4章　企業間の電子商取引化－鋼材取引業務の事例研究

組みを構築するにあたっては以下を考慮した。母材情報と成品情報のひも付けは鋼材加工業のノウハウである。そこで，母材成品組付テーブルを鋼材加工業固有外部テーブルとして設計した。そして，このテーブルを介することにより，系全体の仮想一貫DB化を実現した。

(c) 情報流の中で複雑な取引関係をたどり情報を把握する仕組みを構築するにあたっては以下を考慮した。鉄鋼メーカー，需要家，商社，鋼材加工業の組み合わせは膨大であり，全件検索では実用化不可能である。しかし，実際の具体的な取引の組み合わせ数は，限定されている。そこで，取引関係の中核となる商社や鋼材加工業者にて，現実の取引パターンを外部テーブル化して保持することとした。そして，このテーブルを介することにより，効率的かつ漏れのない検索を実現した。

(d) 取引に対応した関連企業のみへの情報開示を保証する仕組みを構築するにあたっては以下を考慮した。開示データには複数取引関係のデータが存在する。そこで，開示要求有資格者は，鉄鋼EC参加企業でありかつ当該取引関係者に限定した。

　企業間情報検索エージェントシステムの開発については，オープンDB上を検索し，目的データを抽出・集計・回答するエージェント（ネットワーク型エージェント）とその周辺機能の開発を行っている。開発された情報検索エージェントはネットワーク型である。図表4－2－3の検索エージェントの全機能を各検索サイトに分散配置し，ネットワーク内の特定端末のトラブル等で他の参加企業へのサービスが中断されない方式としている。

　システム構成としては，図表4－2－2に示す標準業際システムの内の分散オープンDBと図表4－2－3に示す情報検索エージェントを参加会社ごとにインターネットに接続したオープンサーバーとして設計した。

　鉄鋼ECシステムの実際においては，高炉メーカーの主力製品であり，流通過程で複雑な加工を伴う電機メーカー向けの薄板鋼材のひも付取引を対象に，高炉メーカー，商社，コイルセンター，電機メーカーがインターネット

図表4－2－2：鉄鋼ECシステム

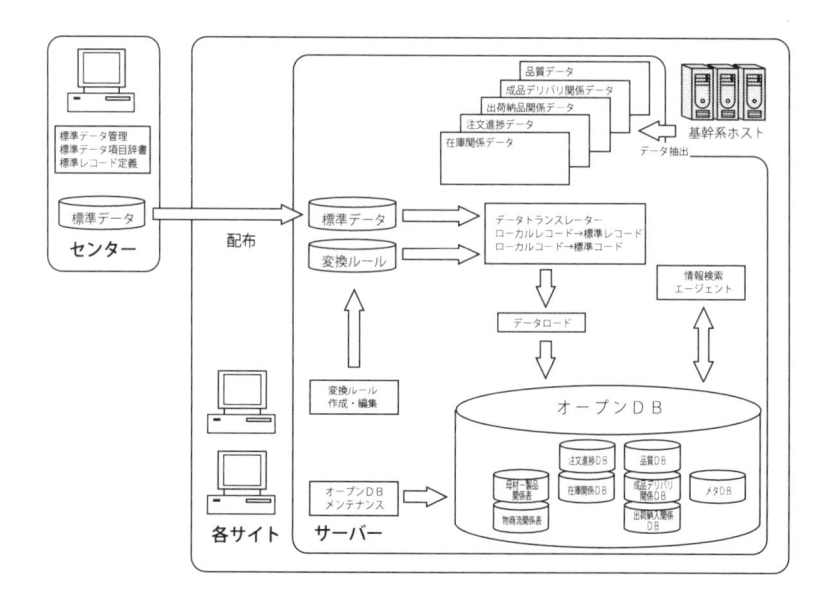

出所：丸山［2002］，p37．

図表4－2－3：情報検索エージェント（鉄鋼ECシステム）

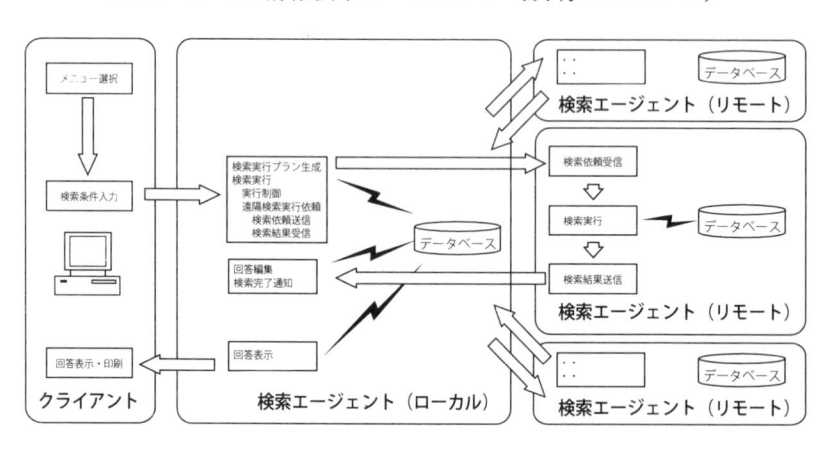

出所：丸山［2002］，p38．

第4章　企業間の電子商取引化－鋼材取引業務の事例研究

図表4－2－4：鉄鋼ECシステム参加企業

高炉メーカー	新日本製鐵株式会社，川崎製鉄株式会社，日本鋼管株式会社，住友金属工業株式会社，株式会社神戸製鋼所，日新製鋼株式会社
商社	三菱商事株式会社，三井物産株式会社，伊藤忠商事株式会社，丸紅株式会社，住友商事株式会社，日商岩井株式会社，株式会社トーメン，川鉄商事株式会社
コイルセンター	五十鈴株式会社，静岡スチール株式会社
電機メーカー	株式会社東芝，三菱電機株式会社，株式会社日立製作所，富士電機株式会社

注：新日鐵ソリューションズ資料およびヒヤリングより筆者作成。

上に物流情報・商品属性情報を相互に開示している（1・2期）。これにより，物理的に離れた異なる企業間の情報を自在に検索集計することが可能になり，企業間ビジネスの合理化・流通在庫を踏まえた変動対応の迅速化を実現している。鉄鋼ECシステムによりそれぞれ，①高炉メーカーの実需変動に見合った適正な生産の実施，②商社等の受発注，デリバリー管理業務等における負荷軽減，③中小企業の多いコイルセンター，部品メーカー等中間物流分野における情報化の促進，④最終需要家における生産計画の弾力的変更の確保と材料在庫の削減，が可能となっている。

　図表4－2－5は，情報通信技術を導入したひも付き契約型における鋼材情報の流れおよび物流を簡単化した図である。図表4－1－3の従来型のそれに比べ，情報流に大きな変化がみられる。
　その物流においては，従来通り，鋼材の物流では，供給者である鉄鋼メーカーから各問屋の倉庫，コイルセンターの倉庫を経由し大手需要家へと流れる。
　しかし，情報流において発注の流れでは，大手需要家→一次問屋→（二次問屋）→（コイルセンター）→大手需要家という流れに変化はないものの，

図表4－2－5：情報通信技術導入による鋼材取引業務の変化
（ひも付き契約型）

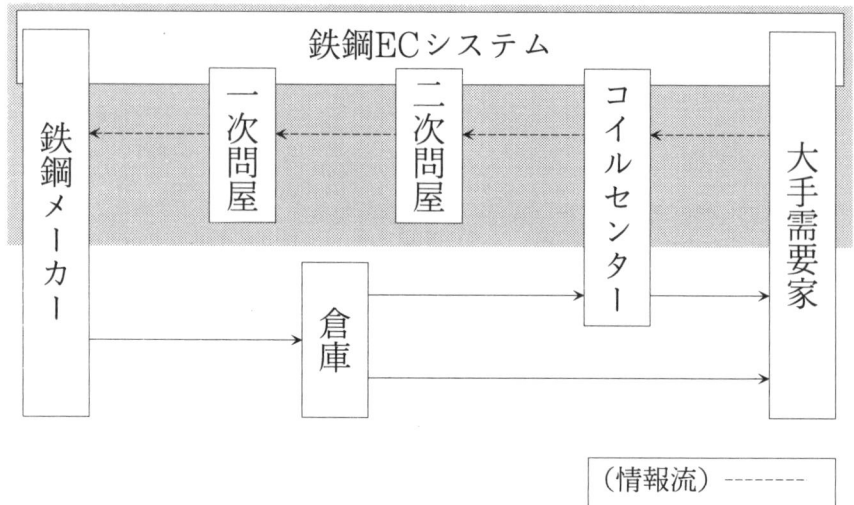

鉄鋼ECシステム

鉄鋼メーカー → 一次問屋 → 二次問屋 → コイルセンター → 大手需要家

倉庫

（情報流）--------
（物　流）――――

注：筆者作成。

SCMにかかわる各企業が受発注に関する各情報を鉄鋼ECシステム上で開示することで情報流の流れ全体を情報通信技術によって処理されることになり，商社の情報独占の状況から情報のオープン化へとすすみ，商社の相対的な役割の低下が引き起こされた。

2．一般型鋼材（店売り契約型・市場型）の電子商取引化
　　　　－鋼材ドットコムにおける企業間電子商取引ビジネスモデル

　鋼材の店売り契約型では，一次問屋は鉄鋼メーカーと契約し，小口需要家，特約店，問屋仲間へ自由に販売する。スポット取引であるこの契約形態には「取引所型」電子商取引のシステムが導入され，国内では，SMART ON-LINE，METAL SITE JAPAN，鋼材ドットコムなどの電子商取引サイトがシステム構築されている。

　鋼材電子商取引サイトとして最大手の鋼材ドットコムは，日鐵商事，住金

第4章　企業間の電子商取引化-鋼材取引業務の事例研究

物産，神鋼商事が出資する商社系eMPの専門会社で，鋼材に携わる企業にオープンかつニュートラルな鋼材市場を提供している。

「2000年3月に開設された鋼材ドットコムは，2000年5月には，インターネットをベースにした電子取引市場に，参加企業の登録が実施され，翌月から実取引が開始された。2001年7月には，月間2万トンの鋼材電子取引が達成され，受注情報の追跡と受注内容修正機能が追加された。後者の修正機能は，直近の鋼材所要量に常に対応できるようジャストインタイムプログラムを持つ自動車・家電部品向け鉄鋼サービス企業に活用された。鋼材ドットコムの2007年の年間取引目標量は500万トンであるが，これは日本の年間鉄鋼生産量の5％以下でしかない。

2001年7月，鉄鋼3社には，主要総合商社によって経営されているものを含む10鉄鋼サービスセンターの参加を得た。売り手は，販売価格の0.5％を支払う。買い手には，鉄鋼需要家，鉄鋼卸売業者，商社を含む450社が登録されている。買い手は，参加費用を負担していない。

このサイトでは，1日中常時，取引が行われており，取引品種は，ホットコイル，冷延コイル，表面処理鋼板，厚板，鋼管，形鋼，線材，ステンレス鋼板，ステンレス鋼管である。これは，中小の家電，自動車部品メーカーにとって有利となる。これらメーカーにとっては，1回1回の発注方式をとる大手商社に比較して，ジャストイン・タイムの発注に対応しやすい鋼板・コイル類の購買が可能となるからである。

供給メーカーは，多くの鉄鋼製品について価格を表示するが，在庫品については価格表示のない在庫リストを提示している。サイトは競売機能をもたない。
供給側は，購入数量，出荷日，支払い条件を，多くの回答の中から選択する。買い手は，売り手を決めると，直接オンラインでその他購入条件の詳細を打ち合わせをする。」(Rapp [2002]，(柳沢訳 [2003]，pp. 171-172.))

鋼材ドットコム向けのシステム開発は，鋼材ドットコム・Commerce Center Inc・新日鐵ソリューションズ共同で，ECソリューションパッケー

図表4-2-6：鋼材ドットコム

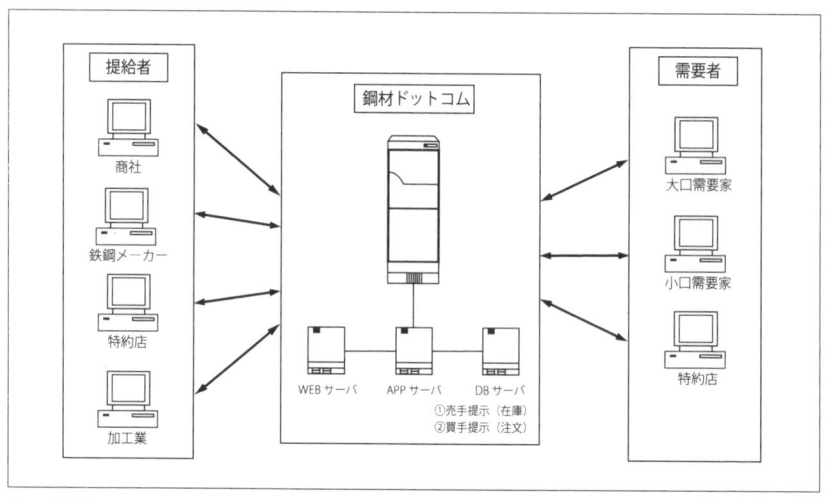

[図：提給者（商社、鉄鋼メーカー、特約店、加工業）→ 鋼材ドットコム（WEBサーバ、APPサーバ、DBサーバ ①売手提示（在庫）②買手提示（注文））→ 需要者（大口需要家、小口需要家、特約店）]

注：鋼材ドットコム資料およびヒヤリングより筆者作成。

ジ「Commerce Center 6.0」を採用して，開発が行われた（図表4-2-6）。

このシステムは，n対nのマッチメイキングモデルタイプ（取引所型）で，複数の供給者と複数の需要者による開かれた市場を構成している。また，供給者は需要者に対し1対1，1対特定多数，1対不特定多数の取引関係を選択可能である。

システムの実際は，Webブラウザ上で取引を実施し，付与されたID，パスワードでログインする。取引画面を通じ，『(1)供給者がカタログ提示，需要者は製品選択→(2)供給者に見積もり依頼を送信→(3)供給者は需要者に見積もり回答→(4)回答に対し需要者が注文→(5)供給者が受注→(6)契約』という過程で，鋼材取引を行う（図表4-2-7）。鋼材ドットコムはこうした取引を通じて，供給者から取引金額の0.5%を得る。

現在，鋼材ドットコムでは薄板，条鋼，厚中板・縞鋼板，鋼管，ステンレス，特殊鋼，丸鋼・角鋼，鉄筋の鋼材一般とアルミ，チタンといった品種を取り扱う。年間取引量は48万トン（薄板34万，厚板8万，鉄筋4万，その他2万トン：2002年度）の取引量があり，前年比55%増である。

第4章　企業間の電子商取引化－鋼材取引業務の事例研究

図表4－2－7－(1)：鋼材ドットコムにおける取引システム
　　　　　　　＜供給者がカタログ提示，需要者は製品選択＞

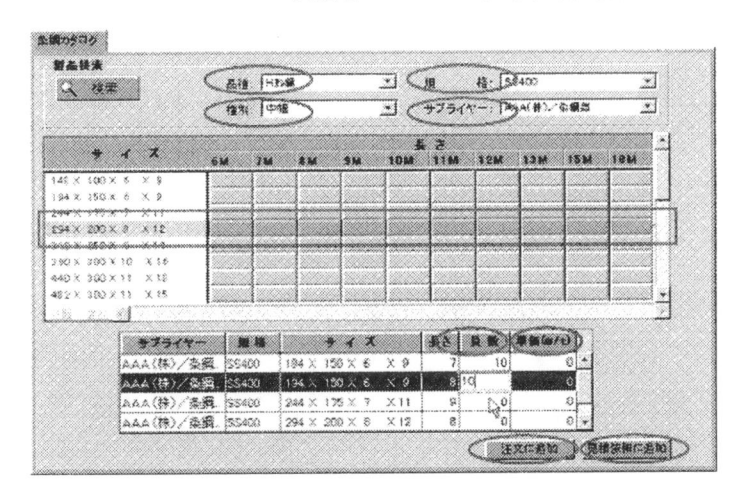

出所：kouzaiドットコム「取引デモンストレーション」＜http://www.kouzai.com/2_demo/2_index.html＞より加工。

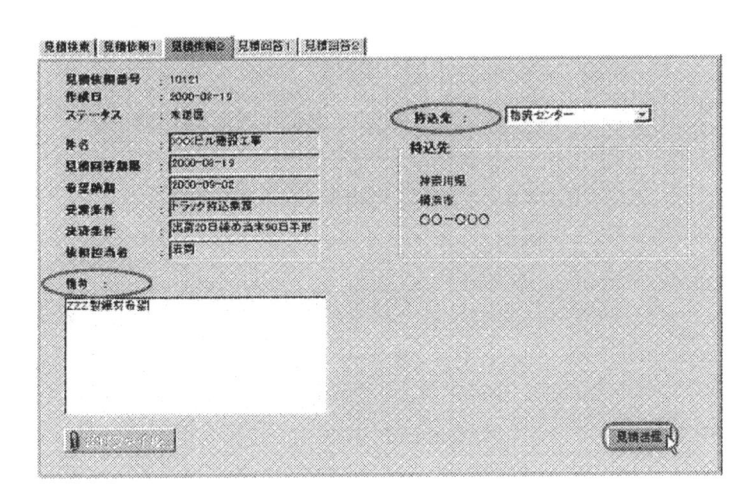

図表4－2－7－(2)：＜供給者に見積もり依頼を送信＞

101

図表4-2-7-(3):＜供給者は需要者に見積もり回答＞

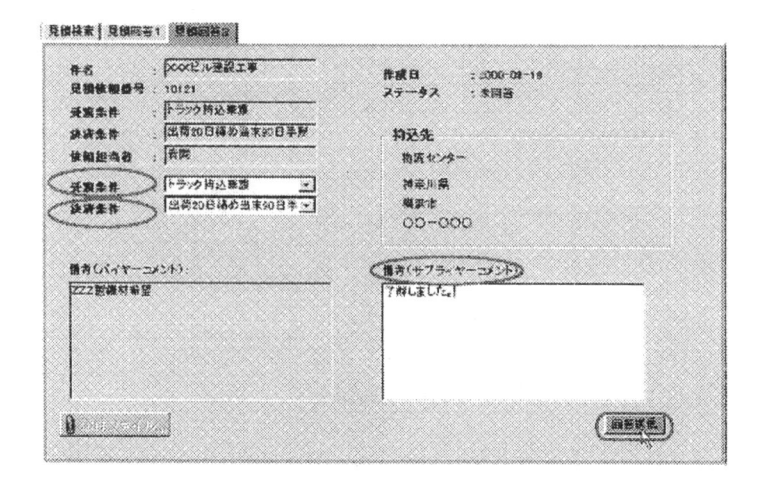

図表4-2-7-(4):＜回答に対し需要者が注文＞

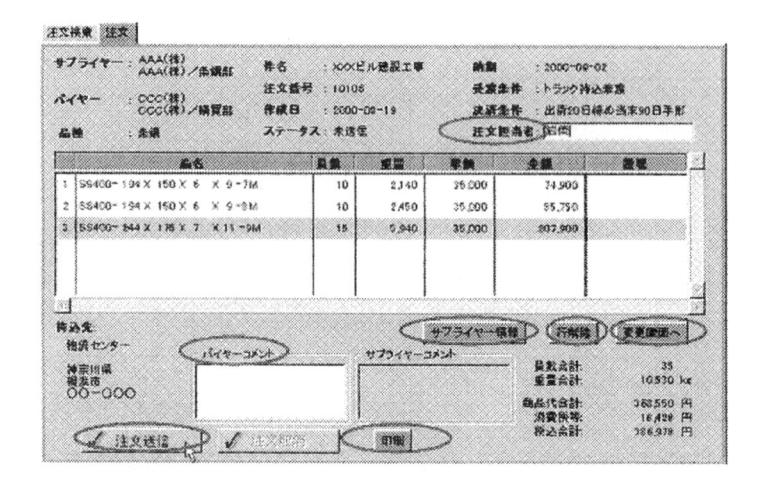

第4章　企業間の電子商取引化－鋼材取引業務の事例研究

図表4－2－7－(5)：＜供給者が受注＞

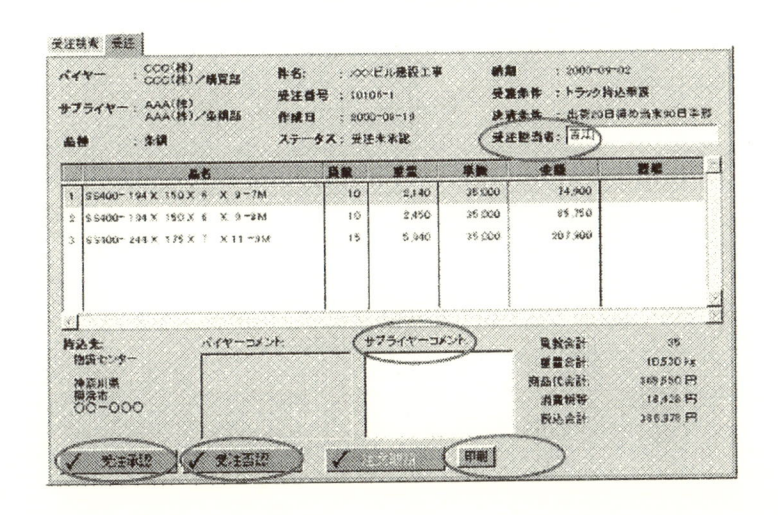

　しかしながら，当初計画したシステムに比較して，それほど大きな便益は得られていない。つまり，受注内容を，再度社内システムに対応するようリフォーマットしなければならないからである。

　しかしこの問題は，現在のところ，新日鉄製品の実際の売り手は，新日鉄が45％株式所有している日鉄商事（NST）であるため，自動的に処理されているといえる。日鉄商事の残りの株式は日本の金融機関が保有している。日鉄商事は，バッチベースで，毎日，新日鉄に受注内容を電子交換している。これは，1980年代から主要商社が実施してきたのと同じ方式である。しかしこれまでのファックスや電話による受注確認に比較して，すべてオンラインで処理され，改善されている。

図表4－2－8：鋼材ドットコム概要

1．会社概要

商号　　　鋼材ドットコム株式会社

103

代表者　　吉江純彦
資本金　　335,300,000円
株主　　　日鐵商事，住金物産，神鋼商事，新日鉄ソリューションズ
設立　　　平成12年3月
営業開始　平成12年6月
URL　　　http://www.kouzai.com

2．登録状況

（1）需要者数　約520社

（2）供給者数　27社

日鐵商事株式会社，住金物産株式会社，神鋼商事株式会社，岡谷鋼機株式会社，岡谷スチール株式会社，岡谷薄板販売株式会社，千曲鋼材株式会社，関根床用鋼板株式会社，佐藤鋼管株式会社，日鐵商事コイルセンター株式会社，名古屋日鐵商事コイルセンター株式会社，神商非鉄株式会社，信栄機鋼株式会社，株式会社三幸金属工業所，株式会社アロイ，山大興業株式会社，株式会社西壱金属，株式会社菰下鎔断，大阪鋼板工業株式会社，三和スチール工業株式会社，西村鋼業株式会社，アサヒスチール株式会社，西岡金属株式会社，鐵萬商事株式会社，株式会社小河商店，鐵商株式会社，太陽シャーリング株式会社

3．運営状況

	取扱重量（t）
平成12年度　計	80,009
平成13年度　計	311,348
平成14年度　計	480,000
平成15年度　計画	570,000

4．提供機能

（1）売買マッチメイキング

　①売手提示（平成12年6月）……在庫またはカタログを検索して見積依頼，受発注

　②売手提示（平成13年4月）……需要者がサイズ，スペック等を指定し，複数社へ見積依頼

（2）物流機能（平成13年9月）

　出荷指示機能

（3）ニュース，情報機能（平成13年9月）

　鉄鋼新聞，産業新聞，ユーザートピックス

（4）帝国データ電子証明書導入（平成14年3月）

（5）イー・ギャランティ提携（平成14年4月）

注：鋼材ドットコム資料およびヒヤリングより筆者作成。

図表4－2－9：情報通信技術導入による鋼材取引業務の変化（店売り契約型）

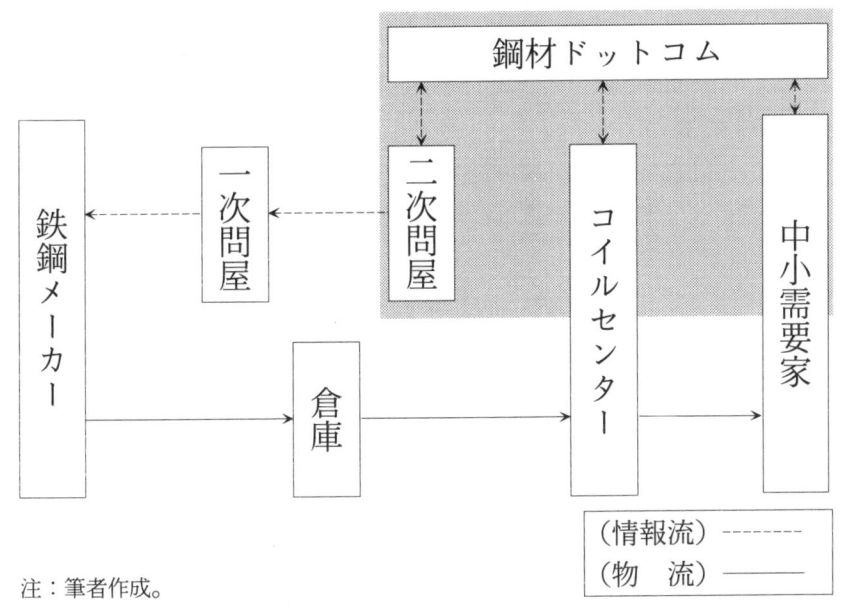

注：筆者作成。

図表4－2－9は，情報通信技術を導入した店売り契約型における鋼材情報の流れおよび物流を簡単化した図である。図表4－1－4の従来型のそれに比べ，情報流に大きな変化がみられる。

　その物流においては，従来通り，鉄鋼メーカーから各問屋の倉庫，コイルセンターの倉庫を経由し需要家へと鋼材は流れるが，実際には仲間取引が行われる等，各問屋，コイルセンター，中小需要家の3者間での小口の流通が主である。

　しかし情報流において受発注の流れでは，一次問屋から鉄鋼メーカーへの発注は従来通りであるが，コイルセンター，二次問屋，小口需要家は受注に関するデータを鋼材ドットコムに送り，DB化された情報から発注する。また発注に関するデータを鋼材ドットコムに送り，DB化された情報から受注するという新しい流れも発生している。

　鋼材ドットコムの構築導入で，受注必要情報は，これまで2～3日かかっていたのが，数分で集約でき，有効に活用されている。新規投入オーダーは，システム上に直ちに明示される。システムは，標準電子データ交換を使用している。これは2001年に開放式標準に統合された。このローカル標準は，Webに接続可能な公開データベースに転換される。つまり，新日鉄と日鐵商事はオンラインで注文された注文とそれぞれの会社のデータを保有でき，インターネットを通じて，多くの需要家や商社も一般的な関連データを利用できる。

　これによって，受注進捗状況の把握が可能となり，需要家は正確に出荷スケジュールを把握できる。このシステムの直接導入効果は需要家からの問い合わせの削減であり，納期遅延の回避であり，在庫低減である。そして，自動車部品，家電メーカーの実需ベースに基づくシステムなので，新日鉄は納期の短縮を図ることができる。

　これまでファックスを使用していた際に発生した遅延や誤りに対する手数から解放され，情報コピーに伴う誤りからも解放される。電話，ファックス

第4章　企業間の電子商取引化－鋼材取引業務の事例研究

代が大幅に削減される。

　データベースや電子メールで，多量のファックスや書類を省略できた。製品，顧客，工場別販売資料や予測を整理するにあたって，品種別明細，需要家別資料を容易に集約できるようになった。このことが，需要予側を容易にかつより正確にできるようにしている。

注

(28) 詳しくは，丸山［2002］を参照されたし。
(29) 詳しくは，http://www.kouzai.comを参照されたし。
(30) 鉄鋼流通情報化委員会の下部実行組織。1994年発足。高炉メーカー5社（新日本製鐵，JFEスチール，住友金属工業，神戸製鋼所，日新製鋼）と商社4社（伊藤忠丸紅製鋼，住友商事，三井物産，メタルワン）で構成され，鉄鋼EDI標準の開発・管理，および普及に取り組んでいる。

第5章　鋼材の電子商取引化によるシステム変容と取引費用節減効果

第1節　鋼材の電子商取引化によるシステム変容

　第4章では鉄鋼業界を事例研究に，従来の鋼材取引における特徴・課題を明らかにし，さらに電子商取引システム導入の実際をみた。こうした鋼材取引における従来型から電子商取引型へのシステム変容を示したものが，図表5-1-1である。

　従来，鉄鋼業界では，その取り扱う鋼材の資産の特殊性により，中間組織型および市場型の2つの形態を利用して取引が行われてきた。中間組織型＝「ひも付き契約型」で扱う鋼材は，第3章第2節であげた①立地の特殊性，②物理的資産の特殊性，③人的資産の特殊性，④専用化された資産に関して高い資産の特殊性を有している。一方，市場取引型＝「店売り契約型」で扱う鋼材は，①立地の特殊性，②物理的資産の特殊性，③人的資産の特殊性という資産の特殊性が見受けられるものの，前者のそれと比べ低いものとなっている。

　さて，図表3-2-2では，コース，ウィリアムソンの取引費用論における資産の特殊性と中間組織および市場の取引費用曲線との関係から，資産の特

図表5-1-1：鋼材取引の電子商取引システム

	従来の鉄鋼取引	電子化した鉄鋼取引	IT化（年）	需要家	プレーヤ（数）	資産の特殊性	鋼材取扱量
中間組織型	ひも付き契約型取引	鉄鋼ECシステム	1996年	大手需要家	少ない	高い	多い
市場型	店売り契約型取引	鋼材ドットコム	2000年	中小需要家	多い	低い	少ない

注：筆者作成。

殊性が低い場合は市場（$0-k$間），資産の特殊性が高い場合には中間組織（k以上）での取引が選択されることをみた。

また，ひも付き契約型取引では，少数のプレーヤ（大手企業）が大量の鋼材について長期契約を結んで取引するという特徴を，店売り契約型取引では，多数のプレーヤ（中小企業）が少量の鋼材をスポット契約によって取引するという特徴も第4章では確認している。

この従来型の鋼材取引には，①定型情報，非定型情報ともに非効率な交換が行われている，②鋼材流通過程における一貫現品情報把握が困難である，といった課題を抱えており，膨大な取引費用が存在していた。また両形態とも商社を経由する形で情報流が形成されており，これもまた過大な取引費用を発生させていた。

さて，前掲の図表3－2－3は，取引費用論と資産の特殊性と情報化の関係をみたものである。情報化は取引費用曲線TCをTC'へと右方シフトさせ，この移行により取引費用は大幅に削減されることになる。

鉄鋼業界では，上記の課題の解決（取引費用節減化）のために従来型の商取引にそれぞれ，電子商取引システムの導入が進んだ。中間組織型＝「ひも付き契約型取引」には，中間組織の1形態であるネットワーク組織型の電子商取引システム＝「鉄鋼ECシステム」が導入された。一方，市場型＝「店売り契約型取引」には，スポット取引が行われるeMP型の電子商取引システム＝「鋼材ドットコム」が導入されている。資産の特殊性の高低を起因とする2つの従来の取引形態は，中間組織＝ネットワーク組織型，eMP型の2形態にそれぞれ置換されているのである。

第2節　鋼材の電子商取引化による取引費用節減効果

従来の取引業務への情報通信技術の導入は，取引費用を節減する。事前事後的な主な取引費用を，①探索・情報にかかわる費用，②交渉・決定にかかわる費用，③監視・強制にかかわる費用，とするならば，情報通信技術の導

第 5 章 鋼材の電子商取引化によるシステム変容と取引費用節減効果

入は，①データベース構築とその利用，②業務システムのオンライン・ネットワーク化と単品・個別管理，③取引および業務過程全般のネットワーク化により，取引費用を節減する。

鉄鋼ECシステムでは，その業務において，①探索・情報費用は，各SCM参加企業が「ミル在庫・積送在庫・未投入残・仕掛品・工程進捗・検査成績・出荷実績・納品実績（高炉メーカー）」，「母材在庫・成品在庫・出荷予定・出荷実績（コイルセンター）」，「発注計画・使用予定・確定納入指示（電機メーカー）」といった情報をオープンDBに開示し，運用することで節減効果を持つ。②交渉・決定費用は，各SCM参加企業がTCP/IP等のオープンEDI技術を用いて結びつき，発注書・注文請書・検収書といった意思決定の結果ではなく，意思決定を行うための在庫量・製品進捗などの調査情報を交換することで節減効果を持つ。なお，注文書・注文請書・検収書に関しては30年前からEDI化済みであり，また在庫量・製品進捗などの調査情報の作業量の方が断然多い。③監視・強制費用は，②と同様，各SCM参加企業がTCP/IP等のオープンEDI技術を用いて結びつくことで節減効果を持つ。

一方，鋼材ドットコムでは，その業務において需給者のマッチメイキング業務のみ行っており，③監視・強制費用の発生する業務については，アウトソーシングする形で与信・保障を行っている。事前的取引費用である①探索・情報費用について，各システム利用者が，「品種・規格・種別・単価・供給者」を明らかにし，カタログ提示し，システムでDB化されることで，大幅な節減効果を持つ。②交渉・決定費用についても，Webブラウザ上で「納期・受渡条件・決済条件・担当員名」を需給者間で見積依頼・見積回答することで，節減化する。③監視・強制費用については，帝国データバンクが発行する帝国データ電子証明書で与信し，イー・ギャランティと提携し保障を行うシステムによって節減化している。

1．ひも付き契約型における鋼材取引

図表 5-2-1 は，ひも付き契約型における鋼材取引の取引費用節減効果を

図表5-2-1：電子商取引導入による鋼材取引の取引費用節減効果

<ひも付き契約型>

取引費用	参加企業		従来の鋼材取引	鉄鋼ECシステム
情報探索費用	高炉メーカー	ミル在庫	電話・訪問での質問に対し回答。製鉄所所内ではシステム化済みの為、端末で確認できる。（頻度：1ヵ月に1～2回、時間：1～2時間程度）	関連データという制約はあるものの、インターネット上（10分前後）で閲覧可能。
		積送在庫	同上。	同上。
		未投入残	同上。	同上。
		仕掛品	同上。	同上。
		工程進捗	同上。	同上。
		検査成績	出荷済み品に対し、鋼材とは別に営業がミルシートを持参（ミルシートは不正使用されることも多く、紛失が多い）。（頻度：一般にはミルシートで代用し、煩雑な問い合わせは行わない、時間：1時間～1日）	基本は同左であるが関連データという制約はあるものの、インターネット上で（10分前後）閲覧可能。
		出荷実績	バッチで一次卸（大手商社）に連絡。必要に応じて1次卸が個別回答する。（頻度：ユーザからの問い合わせ時や納期がタイトなとき、時間：1時間～1日）	その商流の関連データという制約はあるものの、インターネット上（10分前後）で閲覧可能。
		納品実績	バッチで（大手商社）に連絡。コイルセンターなどの直接の納品先は商社しかわからないことが多い。トヨタ自動車等の最終納品先は高炉メーカーも把握。（頻度：ユーザからの問い合わせ時や納期がタイトなとき、時間：1時間～1日）	その商流の関連データという制約はあるものの、インターネット上（10分前後）で閲覧可能。
	コイルセンター	母材在庫	コイルセンター内ではシステム化されている。問い合わせに口頭・ＦＡＸ等で回答。（頻度：付き合いのある特定の2次問屋からのみ、必要の都度。ユーザからのものは見積として回答、時間：1時間～1日）	関連データという制約はあるものの、インターネット上（20分前後）で閲覧可能。
		成品在庫	同上。	同上。

第5章　鋼材の電子商取引化によるシステム変容と取引費用節減効果

取引費用	参加企業		従来の鋼材取引	鉄鋼ECシステム
情報探索費用	コイルセンター	出荷予定	同上。但し変更が多く、変更分は電話等で回答。（頻度：カンバンで需要家工場が稼動している場合は特に多く、1需要家工場で日に数回、時間：1時間〜1日）	同上。
		出荷実績	コイルセンター内ではシステム化されている。問い合わせに口頭・FAX等で回答。（頻度：需要家からの問い合わせは少ない。1次問屋は問い合わせしなくてもシステムで把握。2次問屋からの在庫調査等の問い合わせは中くらい、時間：1時間〜1日）	同上。
	大手需要家	発注計画	システム化されているが、頻繁に変更あり。確定は当日のカンバンで。（頻度：月次は月に一回、旬次は経験で、日次はカンバンが多い、時間：1時間〜1日）	関連データという制約はあるものの、インターネット上（10分前後）で閲覧可能。
		使用予定	同上。	同上。
		確定納入指示	当日のカンバンでなされる。（頻度：需要家工場ごとに日に数回（数時間毎）、時間：システムで行う。10分前後）	同上。当日のカンバンでなされる。
交渉決定費用	各企業間	在庫量・製品進捗等の調査情報交換	電話・訪問などによる人手での作業。収集負荷大と共に頻度は月1回程度。	関連データという制約はあるものの、インターネット上（30分前後）で閲覧可能。
		品質情報交換	品質情報は営業を経由して技術サービス担当が調査報告する。（頻度：中程度、時間：1時間〜1日）	品質情報はインターネット上で閲覧可能。
監視強制費用	各企業間	保障・認証	業界内のネットワークもしくは人脈。従来からの対面取引による相互信頼。	鉄鋼ECネット管理運用センターによる管理。SC参加はWebページを通して随時。

注：ヒヤリングより筆者作成。

みたものである。取引費用を情報探索費用，交渉決定費用，監視強制費用の3つにわけ，ひも付き契約型取引の鋼材流通に参加するプレーヤをそれぞれ，高炉メーカー，コイルセンター，大手需要家とした。[31]また，各プレーヤが他の参加企業に対し必要に応じて開示する情報を整理し，従来の鋼材取引と鉄鋼ECシステムについて，実際業務およびかかる時間を明らかにし，時間節減効果（取引費用節減効果）をみた。

また図表5-2-2および図表5-2-3は，従来型のひも付き契約型および鉄鋼ECシステム利用者ごと（高炉メーカー，一次問屋，二次問屋，コイルセンター，大手需要家）に開示する情報の流れを示したものである。ここでは「データの所有者（●）」および「主たるデータの検索者（○）」，「主たるデータの検索者が連絡する相手（△）」，「事故等で必要の都度連絡をする相手（×）」を明らかにし，各情報の流れである「主要な流れ（⇒）」および「次位の流れ（→）」をみている。

鋼材取引に関する取引費用のうち情報探索費用にかかわる情報として，各プレーヤごとに以下のものがある。

高炉メーカーはひも付き契約型の鋼材取引において，ミル在庫，積送在庫，未投入残，仕掛品，工程進捗，検査成績，出荷実績，納品実績に関する情報を開示している。

ミル在庫とは生産完了して出荷倉庫にある鋼材在庫を指す。従来の鋼材取引（以下，従来型）では，高炉メーカーはデータの検索者からの1週間に1－2回の電話・訪問による質問に対し，製鉄所内のシステム端末で確認，回答していた。鉄鋼ECシステムを利用した鋼材取引（以下，電子商取引型）では，関連データという制約はあるもののインターネット上で即時に閲覧が可能になった。業務所要時間も従来型では1－2時間ほど要していたが，電子商取引型では10分前後と短縮されている。

また，ミル在庫に関する情報の流れについては，従来型では，主として高炉メーカーが一次問屋にデータを送っていた。また，次位の流れとして事故

第 5 章　鋼材の電子商取引化によるシステム変容と取引費用節減効果

図表5−2−2：鋼材取引における情報の流れ＜ひも付き契約型（従来型）＞

		高炉メーカー	一次問屋	二次問屋	コイルセンター	大手需要家
高炉メーカー	ミル在庫	●	○→×			
	積送在庫	●	○→×			
	未投入残	●	○			
	仕掛品	●	○			
	工程進捗	●	○			
	検査成績	●●●	○→×	○→×		△ △ ×
	出荷実績	●●●	○	△○	△○○	△
	納品実績	●	○→×		×	×
コイルセンター	母材在庫			○	●	○
	成品在庫			○	●	○
	出荷予定		×	×	●	○
	出荷実績		×	×	●	○ ○
大手需要家	発注計画	△←	○	○	○	●（大量）●（中量）●（小量）
	使用予定	△←	○	○		●（大量）●（中量）●（小量）
	確定納入指示		○	○		●（大量）●（中量）●（小量）

注：ヒヤリングより筆者作成。

●…データの所有者　　　　　　　　　　⇒…主要なデータの流れ
○…主たるデータの検索者　　　　　　　→…次位のデータの流れ
△…主たるデータの検索者が連絡する相手
×…事故等で必要の都度連絡をする相手　　（※図表5−2−3においても同じ）

図表5-2-3：鋼材取引における情報の流れ＜鉄鋼ECシステム＞

		高炉メーカー	一次問屋	二次問屋	コイルセンター	大手需要家
高炉メーカー	ミル在庫	● ←	○ →	△ ×	×	(×)
	積送在庫	● ←	○ →	△ ×	×	(×)
	未投入残	● ←	○			
	仕掛品	● ←	○ →	×		
	工程進捗	● ←	○ →	×	×	
	検査成績	●●●● ←	○ → ×	○ → ×	△ ○	△ △ ○ ×
	出荷実績	●●● ←	○ →	△ ○ →	△ △ ○	× × △
	納品実績	● ←	○ →	×	×	×
コイルセンター	母材在庫		○ →	○ →	● ←	○
	成品在庫		○ →	○ →	● ←	○
	出荷予定		○ →	○ →	● ←	○
	出荷実績		○ →	○ →	● ←	○
大手需要家	発注計画	△ ←	○ → △ → △ →	○ →	○ →	●(大量) ●(中量) ●(小量)
	使用予定	△ ←	○ → △ →	○ →	○ →	●(大量) ●(中量) ●(小量)
	確定納入指示		○ → △ →	○ → △ →	○ →	●(大量) ●(中量) ●(小量)

注：ヒヤリングより筆者作成。

第5章　鋼材の電子商取引化によるシステム変容と取引費用節減効果

等が発生した場合には必要の都度，一次問屋は二次問屋へデータを送っていた。電子商取引型では，主として一次問屋がデータの所有者である高炉メーカーに対し，情報の検索を行う。次位の流れとして一次問屋は二次問屋へそのデータを連絡する。また，事故等が発生した場合には必要の都度，一次問屋は二次問屋，コイルセンター，（大手需要家）へそれぞれ情報を送る。ミル在庫に関する主要な情報の流れでは，データの所有者とデータの検索者の関係が，プッシュ型から電子商取引型のプル型へと大きく変化し，さらに次位の情報の流れも簡素化している。

　積送在庫とは輸送中の在庫，特に大半は船舶での輸送中のものを指す。従来型では，基本的には高炉メーカーは天候が悪く，船舶が出航できない等のケースではトラックで出荷する等の方策をとるため，商社やユーザーは高炉メーカーを信頼して検索調査を行わない。検索する場合には，高炉メーカーはデータの検索者からの1ヶ月に1－2回の電話・訪問による質問に対し，製鉄所内のシステム端末で確認，回答していた。電子商取引型では，関連データという制約はあるもののインターネット上で即時に閲覧が可能になった。業務所要時間も従来型では1－2時間ほど要していたが，電子商取引型では10分前後と短縮されている。

　また，積送在庫に関する情報の流れについては，従来型では，主として高炉メーカーが一次問屋にデータを送っていた。また，次位の流れとして事故等が発生した場合には必要の都度，一次問屋は二次問屋へデータを送っていた。電子商取引型では，主として一次問屋が高炉メーカーに対し，情報の検索を行う。次位の流れとして一次問屋は二次問屋へそのデータを連絡する。また，事故等が発生した場合には必要の都度，一次問屋は二次問屋，コイルセンター，（大手需要家）へそれぞれ情報を送る。ここでは，データの所有者とデータの検索者の関係が，プッシュ型から電子商取引型のプル型へと大きく変化し，さらに次位の情報の流れも簡素化している。

　未投入残とは生産予定の中で生産が始まっていないものを指す。従来型では，納期遅れの恐れがある等の事故に近いケースのみ，高炉メーカーはデー

タの検索者からの1ヶ月に1―2回の電話・訪問による質問に対し，製鉄所内のシステム端末で確認，回答していた。電子商取引型では，関連データという制約はあるもののインターネット上で即時に閲覧が可能になった。業務所要時間も従来型では1―2時間ほど要していたが，電子商取引型では10分前後と短縮されている。

　また，未投入残に関する情報の流れについては，従来型では，主として高炉メーカーが一次問屋にデータを送っていた。電子商取引型では，主として一次問屋が高炉メーカーに対し，情報の検索を行う。ここでは，データの所有者とデータの検索者の関係が，プッシュ型から電子商取引型のプル型へと大きく変化している。

　仕掛品とは生産途中のものでいずれかの工程で在庫となっているものを指す。従来型では，高炉メーカーはデータの検索者からの1ヶ月に1―2回の電話・訪問による質問に対し，製鉄所内のシステム端末で確認，回答していた。電子商取引型では，関連データという制約はあるもののインターネット上で即時に閲覧が可能になった。業務所要時間も従来型では1―2時間ほど要していたが，電子商取引型では10分前後と短縮されている。

　また，仕掛品に関する情報の流れについては，従来型では，主として高炉メーカーが一次問屋にデータを送っていた。電子商取引型では，主として一次問屋が高炉メーカーに対し，情報の検索を行う。また，事故等が発生した場合には必要の都度，一次問屋は二次問屋，コイルセンターへそれぞれ情報を送る。ここでは，データの所有者とデータの検索者の関係が，プッシュ型から電子商取引型のプル型へと大きく変化し，さらに次位の情報の流れも簡素化している。

　工程進捗とはどの工程まで生産が進んでいるかの情報を指す。従来型では，高炉メーカーはデータの検索者からの1ヶ月に1―2回の電話・訪問による質問に対し，製鉄所内のシステム端末で確認，回答していた。電子商取引型では，関連データという制約はあるもののインターネット上で即時に閲覧が可能になった。業務所要時間も従来型では1―2時間ほど要していたが，電

第5章　鋼材の電子商取引化によるシステム変容と取引費用節減効果

子商取引型では10分前後と短縮されている。

　また，工程進捗に関する情報の流れについては，従来型では，主として高炉メーカーが一次問屋にデータを送っていた。電子商取引型では，主として一次問屋が高炉メーカーに対し，情報の検索を行う。また，事故等が発生した場合には必要の都度，一次問屋は二次問屋，コイルセンターへそれぞれ情報を送る。ここでは，データの所有者とデータの検索者の関係が，プッシュ型から電子商取引型のプル型へと大きく変化し，さらに次位の情報の流れも簡素化している。

　検査成績とは鉄鋼製品に関する成分分析結果等の情報を指す。従来型では高炉メーカーが出荷済み品に対し，鋼材とは別に材質の詳細や材質成分表などの証明書表（ミルシート）を持参して情報開示していた。一般的には電話・訪問等での回答は行わず，ミルシートによる開示で代用する。電子商取引型では，従来型での情報開示を補完する形で，関連データという制約はあるもののインターネット上での閲覧を可能にしている。業務所要時間も従来型では1時間から1日ほど要していたが，電子商取引型では10分前後と短縮されている。

　また，検査成績に関する情報の流れについては，従来型では，主として一次問屋が高炉メーカーからデータを受け取り，大手需要家に連絡をする流れと，二次問屋が高炉メーカーに対し情報の検索を行い，大手需要家に連絡する流れがあった。また，次位の流れとして事故等が発生した場合には必要の都度，高炉メーカーは，一次問屋，二次問屋，コイルセンター，大手需要家にそれぞれ情報を送っていた。電子商取引型では，主として一次問屋が高炉メーカーに対し情報の検索を行いコイルセンターを通して大手需要家に連絡する流れと，二次問屋が高炉メーカーに対し情報の検索を行い大手需要家に連絡する流れと，コイルセンターが高炉メーカーに対し情報の検索を行う流れと，大手需要家が高炉メーカーに対し情報の検索を行う流れがある。4つのうち，図表5－2－3の上位にあるほど取引頻度の多い情報の流れとなっている。また，事故等が発生した場合には必要の都度，高炉メーカーは，一次

問屋，二次問屋，コイルセンター，大手需要家へそれぞれ情報を送る。ここでは，データの所有者とデータの検索者の関係が，プッシュ型から電子商取引型のプル型へと変化しながら，情報の流れが簡素化している。

　出荷実績とは高炉メーカーからの鉄鋼製品に関する出荷実績を指す。従来型では，高炉メーカーは一括処理で一次問屋に連絡し，出荷実績に関するデータは一次問屋が必要に応じて個別回答していた。電子商取引型では，その情報流の関連データという制約はあるもののインターネット上での閲覧を可能にしている。業務所要時間は従来型ではユーザーからの問い合わせや納期が迫っている場合には1時間から1日ほど要していたが，電子商取引型では10分前後と短縮されている。

　また，出荷実績に関する情報の流れについては，従来型では，主として一次問屋が高炉メーカーからデータを受け取り，二次問屋を経てコイルセンターまで連絡をする流れと，二次問屋が高炉メーカーに対し情報の検索を行い，コイルセンターに連絡する流れと，コイルセンターが高炉メーカーに対し情報の検索を行い，大手需要家に連絡する流れがあった。3つのうち，図表5－2－2の上位にあるほど取引頻度の多い情報の流れとなっている。電子商取引型では，主として一次問屋が高炉メーカーに対し情報の検索を行い，二次問屋を経てコイルセンターまで連絡し必要の都度大手需要家に連絡する流れと，二次問屋が高炉メーカーに対し情報の検索を行いコイルセンターに連絡し必要の都度大手需要家に連絡する流れと，コイルセンターが高炉メーカーに対し情報の検索を行い必要の都度大手需要家に連絡する流れがある。3つのうち，図表5－2－3の上位にあるほど取引頻度の多い情報の流れとなっている。ここでは，データの所有者とデータの検索者の関係が，プッシュ型から電子商取引型のプル型へと変化しながら，情報の流れが簡素化している。

　納品実績とは高炉メーカーからの鉄鋼製品に関する納品実績を指す。従来型では，高炉メーカーは一括処理で一次問屋に連絡する。高炉メーカーは最終納品先を把握しているものの，直接の納入先（コイルセンター等）やその後送られる部品加工メーカー等は一次問屋のみ把握しているケースが多い。

第5章　鋼材の電子商取引化によるシステム変容と取引費用節減効果

電子商取引型では，その情報流の関連データという制約はあるもののインターネット上での閲覧を可能にしている。業務所要時間は従来型ではユーザーからの問い合わせや納期が迫っている場合には1時間から1日ほど要していたが，電子商取引型では10分前後と短縮されている。

また，納品実績に関する情報の流れについては，従来型では，主として一次問屋が高炉メーカーからデータを受け取り，事故等が発生した場合には必要の都度，二次問屋，コイルセンター，大手需要家へそれぞれデータを送っていた。電子商取引型では，主として一次問屋が高炉メーカーに対しデータの検索を行い，事故等が発生した場合には必要の都度，二次問屋，コイルセンター，大手需要家へそれぞれデータを送る。ここでは，データの所有者とデータの検索者の関係が，プッシュ型から電子商取引型のプル型へと大きく変化している。

コイルセンターはひも付き契約型の鋼材取引において，母材在庫，成品在庫，出荷予定，出荷実績に関する情報を開示している。

母材在庫とは高炉メーカーから出荷されたままのコイル在庫を指す。従来型では，取引関係にある特定の二次問屋から必要の都度の質問に対し，コイルセンター内のシステム端末で確認，回答していた。電子商取引型では，関連データという制約はあるもののインターネット上で即時に閲覧が可能になった。業務所要時間も従来型では1時間から1日ほど要していたが，電子商取引型では20分前後と短縮されている。

また，母財在庫に関する情報の流れについては，従来型では，主として大手需要家，二次問屋，一次問屋がコイルセンターの所有する情報の検索をそれぞれ行っていた。電子商取引型でも同様に，大手需要家，二次問屋，一次問屋がコイルセンターの所有する情報の検索をそれぞれ行う。

成品在庫とはコイルセンターで加工され，切板，フープ，分割コイル等になって出荷準備のできた鋼材を指す。従来型では，取引関係にある特定の二次問屋から必要の都度の質問に対し，コイルセンター内のシステム端末で確

認，回答していた。電子商取引型では，関連データという制約はあるもののインターネット上で即時に閲覧が可能になった。業務所要時間も従来型では1時間から1日ほど要していたが，電子商取引型では20分前後と短縮されている。

また，成品在庫に関する情報の流れについては，従来型では，主として二次問屋，一次問屋がコイルセンターの所有する情報の検索をそれぞれ行っていた。電子商取引型は，大手需要家，二次問屋，一次問屋がコイルセンターの所有する情報の検索をそれぞれ行う。ここでは，情報の流れが簡素化している。

出荷予定とはコイルセンターで加工された鋼材の出荷予定を指す。従来型では，取引関係にある特定の二次問屋から必要の都度の質問に対し，コイルセンター内のシステム端末で確認，回答していた。ただし，出荷予定に対する変更が多く，カンバン方式で需要家工場が稼動している場合には特に多い。需要家ごとで1日に数回ある変更分には電話等で回答している。電子商取引型では，関連データという制約はあるもののインターネット上で即時に閲覧が可能になっている。業務所要時間も従来型では1時間から1日ほど要していたが，電子商取引型では20分前後と短縮されている。

また，出荷予定に関する情報の流れについては，従来型では，コイルセンターが大手需要家にデータを送り，事故等が発生した場合には必要の都度，二次問屋，大手需要家へそれぞれデータを送っていた。電子商取引型は，大手需要家，二次問屋，一次問屋がコイルセンターの所有する情報の検索をそれぞれ行う。ここでは，データの所有者とデータの検索者の関係が，プッシュ型から電子商取引型のプル型へと大きく変化している。

出荷実績とはコイルセンターで加工され，切板，フープ，分割コイル等になった鉄鋼製品に関する出荷実績を指す。従来型では，コイルセンター内のシステム端末で確認，口頭・FAX等で回答していた。ただし需要家からの問い合わせの頻度は少なく，また一次問屋・二次問屋はシステム上で把握している。システムを持たない二次問屋からの在庫調査等の問い合わせの頻度

第5章　鋼材の電子商取引化によるシステム変容と取引費用節減効果

は中程度であった。電子商取引型では，関連データという制約はあるもののインターネット上で即時に閲覧が可能になった。業務所要時間も従来型では1時間から1日ほど要していたが，電子商取引型では20分前後と短縮されている。

また，出荷実績に関する情報の流れについては，従来型では，コイルセンターが大手需要家にデータを送り，事故等が発生した場合に一次問屋，二次問屋にそれぞれデータを送っていた。電子商取引型は，大手需要家，二次問屋，一次問屋がコイルセンターの所有する情報の検索をそれぞれ行う。ここでは，データの所有者とデータの検索者の関係が，プッシュ型から電子商取引型のプル型へと大きく変化している。

大手需要家はひも付き契約型の鋼材取引において，発注計画，使用予定，確定納入指示に関する情報を開示している。

発注計画とは大手需要家の工場内で利用する予定の鋼材の発注計画を指す。従来型では，大手需要家は日次ではカンバン方式，月次は一ヶ月に一回，旬次には経験で情報を開示する。システム化されているが，頻繁に変更があり当日のカンバンで確定される。電子商取引型では，関連データという制約はあるもののインターネット上で即時に閲覧が可能になった。業務所要時間も従来型では1時間から1日ほど要していたが，電子商取引型では10分前後と短縮されている。

また，発注計画に関する情報の流れについては，従来型では，主として取り扱う鋼材が大量である場合は一次問屋，中程度である場合には二次問屋，少量の場合にはコイルセンターが大手需要家に対しそれぞれデータの検索を行い，さらに一次問屋はその情報を高炉メーカーに送っていた。電子商取引型では従来型と同様に，主として取り扱う鋼材が大量である場合は一次問屋，中程度である場合には二次問屋，少量の場合にはコイルセンターが大手需要家に対しそれぞれデータの検索を行う。さらに一次問屋はその情報を高炉メーカーへ，二次問屋は一次問屋へ，コイルセンターは二次問屋へ送る。ここ

では，データの所有者とデータの検索者の関係は同様であるが，情報の流れが簡素化している。

　使用予定とは大手需要家の工場内で利用する鋼材の使用予定を指す。従来型では，大手需要家は日次ではカンバン方式，月次は一ヶ月に一回，旬次には経験で情報を開示する。システム化されているが，頻繁に変更があり当日のカンバンで確定される。電子商取引型では，関連データという制約はあるもののインターネット上で即時に閲覧が可能になった。業務所要時間も従来型では1時間から1日ほど要していたが，電子商取引型では10分前後と短縮されている。

　また，使用予定に関する情報の流れについては，従来型では，主として取り扱う鋼材が大量である場合は一次問屋，中程度である場合には二次問屋，少量の場合にはコイルセンターが大手需要家に対しそれぞれデータ検索を行い，さらに一次問屋はその情報を高炉メーカーに送っていた。電子商取引型では従来型と同様に，主として取り扱う鋼材が大量である場合は一次問屋，中程度である場合には二次問屋，少量の場合にはコイルセンターが大手需要家に対しそれぞれデータの検索を行う。さらに一次問屋はその情報を高炉メーカーへ，二次問屋は一次問屋へ，コイルセンターは二次問屋へ送る。ここでは，データの所有者とデータの検索者の関係は同様であるが，情報の流れが簡素化している。

　確定納入指示とは大手需要家の工場内で利用する鋼材の納入指示を指す。従来型では，需要家工場ごとに1日に数回（数時間ごと）の頻度で，システムを利用した当日のカンバンでなされる。電子商取引型では，関連データという制約はあるもののインターネット上で即時に閲覧が可能になった。業務所要時間は従来型では確認することはまずないが，電子商取引型においては10分前後である。

　また，確定納入指示に関する情報の流れについては，従来型では，主として取り扱う鋼材が大量である場合は一次問屋，中程度である場合には二次問屋，少量の場合にはコイルセンターが大手需要家に対しそれぞれデータの検

第5章 鋼材の電子商取引化によるシステム変容と取引費用節減効果

索を行っていた。電子商取引型では従来型と同様に，主として取り扱う鋼材が大量である場合は一次問屋，中程度である場合には二次問屋，少量の場合にはコイルセンターが大手需要家に対しそれぞれデータの検索を行う。さらに二次問屋は一次問屋へ，コイルセンターは二次問屋へ送る。ここでは，データの所有者とデータの検索者の関係は同様であるが，情報の流れが簡素化している。

　鋼材取引に関する取引費用のうち交渉決定費用にかかわる情報として，各プレーヤ間で以下のものがある。
　各企業間での在庫量・製品進捗等の調査情報交換については，従来型では電話・訪問等による労働集約的な作業であった。月1回程度の頻度で行われ，収集に対する負荷は大きい。電子商取引型では関連データという制約はあるものの30分前後で閲覧可能となっている。
　各企業間での品質情報交換については，従来型では営業を経由して技術サービス担当が調査報告を行っていた。電子商取引型ではインターネット上で閲覧可能となっている。

　鋼材取引に関する取引費用のうち監視強制費用にかかわる情報として，各プレーヤ間で以下のものがある。
　各企業間での保障・認証については，従来型では業界内のネットワークもしくは人脈，従来からの対面取引による相互信頼によってなされてきた。電子商取引型では，鉄鋼ECシステムの場合，鉄鋼ECネット管理運用センターによる入会基金と随時の企業与信調査が行われ，各参加企業はWebページを通して随時，認証がなされている。

2．店売り契約型における鋼材取引

　図表5－2－4は，店売り契約型における鋼材取引の取引費用節減効果をみたものである。取引費用を情報探索費用，交渉決定費用，監視強制費用の3

図表5-2-4：電子商取引導入による鋼材取引の取引費用節減効果

<店売り契約型>

取引費用	参加企業		従来の鋼材取引 すでに取引のある企業を対象	鋼材ドットコム 参加企業全てを対象
情報探索費用	二次問屋	倉庫在庫	電話・訪問での質問に対し回答。(頻度：付き合いのある特定の2次問屋へのみ必要の都度問い合わせ、時間：1時間～1日)	インターネット上（20分前後）で閲覧可能。全ての2次問屋を対象に検索(問い合わせ)を行う。
	コイルセンター	倉庫在庫	コイルセンター内ではシステム化されている。電話・訪問での質問に対し回答。(頻度：付き合いのある特定の2次問屋からのみ、必要の都度。ユーザからのものは見積として回答、時間：1時間～1日)	インターネット上（20分前後）で閲覧可能。全ての2次問屋を対象に検索（問い合わせ）を行う。
		出荷予定	同上。但し変更が多く、変更分は電話等で回答。(頻度：注文から出荷までの時間が短く、頻度はあまり高くない、時間：1時間)	インターネット上（10分前後）で閲覧可能。注文から出荷までの時間が短く、頻度はあまり高くない。
		出荷実績	コイルセンター内ではシステム化されている。問い合わせに口頭・FAX等で回答。(頻度：需要家からの問い合わせは少ない。2次問屋からの在庫調査等の問い合わせは中くらい、時間：1時間～1日)	インターネット上（10分前後）で閲覧可能。需要家からの問い合わせは少ない。
	中小需要家	発注計画	ほとんどの需要家は計画を持たない。	ほとんどの需要家は計画を持たない。また、持っていても開示はしない。
		使用予定	同上。	同上。
		確定納入指示	これは需要家が出す納入指示（発注）電話・FAXでする。	インターネット上（10分前後）で可能。
交渉決定費用	各企業間	在庫量の調査情報交換	電話・訪問などによる人手での作業。収集負荷大と共に頻度は卸・コイルセンターは月1～2回程度、需要家は必要の都度だがあまり行わない。	需要家はインターネット上（10分前後）で閲覧可能。
		品質情報交換	お互いに煩雑なため、あまり行わない。出荷時に作成されるミルシート（品質保証書）で行う。	品質情報はインターネット上で閲覧可能。ミルシートは従来どおり作成する。
監視強制費用	各企業間	保障・認証	従来からの対面取引による相互信頼。	帝国データバンク電子証明書の利用。

注：ヒヤリングにより筆者作成。

第5章　鋼材の電子商取引化によるシステム変容と取引費用節減効果

つにわけ，店売り契約型の鋼材流通に参加するプレーヤをそれぞれ，二次問屋，コイルセンター，中小企業家とした。また，各プレーヤが他の参加企業に対し必要に応じて開示する情報を整理し，従来の鋼材取引と鋼材ドットコムによる業務の実際とかかる時間を明らかにし，時間節減効果（取引費用節減効果）をみた。

また図表5－2－5および図表5－2－6は，従来型の店売り契約型および鋼材ドットコム利用者ごと（二次問屋，コイルセンター，中小企業家）に開示する情報の流れを示したものである。ここでは「データの所有者（●）」および「主たるデータの検索者（○）」，「主たるデータの検索者が連絡する相手（△）」，「事故等で必要の都度連絡をする相手（×）」を明らかにし，各情報の流れで

図表5－2－5：鋼材取引における情報の流れ

＜店売り契約型（従来型）＞

		二次問屋	コイルセンター	中小需要家
二次問屋	倉庫在庫	●	○	
コイルセンター	倉庫在庫	○	●	○
	出荷予定	○	●	△
	出荷実績	○	●	×
中小需要家	発注計画		○	●
	使用予定		○	●
	確定納入指示		○	●
			△	

注：ヒヤリングより筆者作成。

- ●…データの所有者
- ○…主たるデータの検索者
- △…主たるデータの検索者が連絡する相手
- ×…事故等で必要の都度連絡をする相手
- ⟹…主要なデータの流れ
- →…次位のデータの流れ

図表5－2－6：鋼材取引における情報の流れ

＜鋼材ドットコム＞

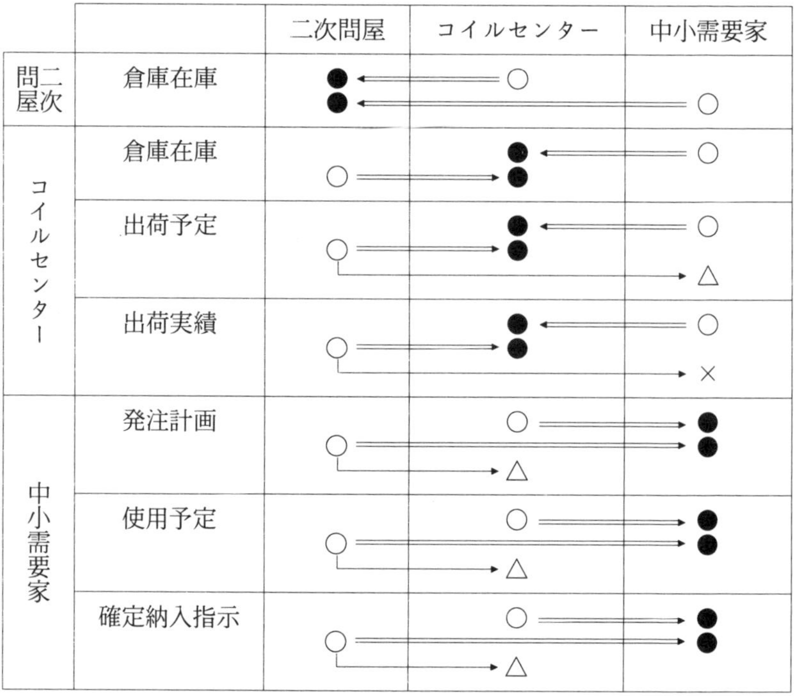

		二次問屋	コイルセンター	中小需要家
二次問屋	倉庫在庫	●●	○	○
コイルセンター	倉庫在庫	○	●●	○
	出荷予定	○	●●	○ △
	出荷実績	○	●●	×
中小需要家	発注計画	○	○ △	●●
	使用予定	○	○ △	●●
	確定納入指示	○	○ △	●●

注：ヒヤリングより筆者作成。

●…データの所有者　　　　　　　　　　　⟹…主要なデータの流れ
○…主たるデータの検索者　　　　　　　　→…次位のデータの流れ
△…主たるデータの検索者が連絡する相手
×…事故等で必要の都度連絡をする相手

ある「主要な流れ（⟹）」および「次位の流れ（→）」をみている。

　鋼材取引に関する取引費用のうち情報探索費用にかかわる情報として，各プレーヤごとに以下のものがある。

　二次問屋は店売り契約型の鋼材取引において，倉庫在庫に関する情報を開示している。

第5章 鋼材の電子商取引化によるシステム変容と取引費用節減効果

　倉庫在庫とは二次問屋倉庫内の店売り用の鋼材在庫を指す。従来の鋼材取引（以下，従来型）では，特定の取引関係がある二次問屋のみに対し必要の都度，電話・訪問での質問に対し回答をする。鋼材ドットコムを利用した鋼材取引（以下，電子商取引型）では，全ての企業を対象にインターネット上（20分前後）で閲覧可能にしている。

　また，倉庫在庫に関する情報の流れについては，従来型では，主としてコイルセンターが二次問屋に対し情報の検索を行っていた。電子商取引型では，主としてコイルセンター，中小需要家がそれぞれ情報の検索を行う。ここでは，情報の流れが簡素化している。

　コイルセンターは店売り契約型の鋼材取引において，倉庫在庫，出荷予定，出荷実績に関する情報を開示している。

　倉庫在庫とはコイルセンター倉庫内の店売り用の鋼材在庫を指す。従来型では，特定の取引関係がある二次問屋のみに対し必要の都度の電話・訪問での質問に対し回答をする。また需要家からの質問に対しては見積として回答をする。電子商取引型では，全ての企業を対象にインターネット上（20分前後）で閲覧可能にしている。

　また，倉庫在庫に関する情報の流れについては，従来型では，主として二次問屋，中小需要家がコイルセンターに対し情報の検索を行っていた。電子商取引型では，主として中小需要家，二次問屋がそれぞれ情報の検索を行う。図表5－2－5，図表5－2－6では上位にあるほど取引頻度の多い情報の流れとなっている。ここでは，情報の流れが簡素化している。

　出荷予定とはコイルセンターで加工された店売り用鋼材の出荷予定を指す。従来型では，特定の取引関係がある二次問屋のみに対し必要の都度，電話・訪問での質問に対し回答する。また需要家からの質問に対しては見積として回答する。注文から出荷までの時間が短く，変更も多い。変更分は電話等で回答する。電子商取引型では，全ての企業を対象にインターネット上で閲覧可能にしている。また，従来型，電子商取引型ともに注文から出荷までの時

間が短く，頻度はあまり高くない。業務所要時間も従来型では1時間ほど要していたが，電子商取引型では10分前後と短縮されている。

　また，出荷予定に関する情報の流れについては，従来型では，主として二次問屋がコイルセンターに対し情報の検索を行い，次位的なものとして二次問屋は中小需要家に連絡していた。電子商取引型では，主として中小需要家，二次問屋がそれぞれ情報の検索を行い，次位的なものとして二次問屋は中小需要家に連絡している。図表5－2－5，図表5－2－6では上位にあるほど取引頻度の多い情報の流れとなっている。ここでは，情報の流れが簡素化している。

　出荷実績とはコイルセンターで加工された店売り用鋼材の出荷実績を指す。従来型ではコイルセンター内のシステム端末で確認，口頭・FAX等で回答していた。需要家からの問い合わせは少なく，二次問屋からの在庫調査等の問い合わせは中程度の頻度である。電子商取引型では，全ての企業を対象にインターネット上で閲覧可能にしている。また，従来型，電子商取引型ともに注文から出荷までの時間が短く，頻度はあまり高くない。業務所要時間も従来型では1時間から1日ほど要していたが，電子商取引型では10分前後と短縮されている。

　また，出荷実績に関する情報の流れについては，従来型では，主として二次問屋がコイルセンターに対し情報の検索を行い，事故等で必要の都度，二次問屋は中小需要家に連絡していた。電子商取引型では，主として中小需要家，二次問屋がそれぞれ情報の検索を行い，事故等で必要の都度，二次問屋は中小需要家に連絡する。図表5－2－5，図表5－2－6では上位にあるほど取引頻度の多い情報の流れとなっている。ここでは，情報の流れが簡素化している。

　中小需要家は店売り契約型の鋼材取引において，確定納入指示に関する情報を開示している。[32]

第5章　鋼材の電子商取引化によるシステム変容と取引費用節減効果

確定納入指示とは需要家が出す納入指示（発注）を指す。従来型では，必要の都度，電話・FAXでの質問・回答をする。電子商取引型では，関係する全ての企業を対象にインターネット上（10分前後）で閲覧可能にしている。

また確定納入指示に関する情報の流れについては，従来型では，主としてコイルセンター，二次問屋が中小需要家に対し情報の検索を行い，次位的なものとして二次問屋はコイルセンターに連絡していた。電子商取引型でも同様に，主としてコイルセンター，二次問屋が中小需要家に対し情報の検索を行い，次位的なものとして二次問屋はコイルセンターに連絡する。ここでは大きな差異が発生しない。

鋼材取引に関する取引費用のうち交渉決定費用にかかわる情報として，各プレーヤ間で以下のものがある。

各企業間での在庫量の調査情報交換については，従来型では電話・訪問などによる労働集約的な作業であった。二次問屋・コイルセンターにおいては月1～2回程度の頻度で行われ，収集に対する負荷は大きい。需要家は必要の都度だがあまり行わない。電子商取引型では，需要家はインターネット上（10分前後）で閲覧可能となっている。

各企業間での品質情報交換については，従来型では当事者同士による品質情報交換は煩雑なため，あまり行わない。出荷時に作成されるミルシートで行う。

電子商取引型では品質情報はインターネット上で閲覧可能であるが，ミルシートは従来通り作成，利用される。

鋼材取引に関する取引費用のうち監視強制費用にかかわる情報として，各プレーヤ間で以下のものがある。

各企業間での保障・認証については，従来型では従来からの対面取引による相互信頼によってなされてきた。電子商取引型では，鋼材ドットコムの場合，提携企業である帝国データバンクの帝国データバンク電子証明書システ

131

ムを利用し，認証がなされている。

　このように，鋼材取引における電子商取引システム導入は，従来の鋼材取引にかかる大幅な各種取引費用節減効果を有する。

　従来の鋼材取引において，大手需要家は工業製品の資材や大量生産消費財，産業資材といったカスタマイズされた鋼材（資産の特殊性が比較的高い鋼材）を確保するためにひも付き契約型を利用し，鉄工所，町工場のような中小需要家は建設資材といった汎用性の高い鋼材（資産の特殊性が比較的低い鋼材）を購入するために店売り契約型取引を利用してきた。

　情報通信技術の発展により，このような従来型の2つの鋼材取引契約形態ごとに電子商取引システムが構築・導入され，①情報・探索にかかわる費用，②交渉・決定にかかわる費用，③監視・強制にかかわる費用，といった取引費用を節減化している。

　図表5－2－7は図表3－2－3を簡単化した図である。図表は取引費用（TC）

図表5－2－7：情報化による取引費用節減効果

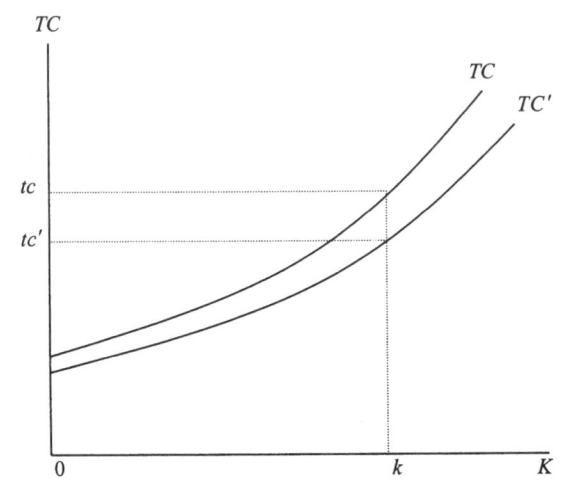

注：Picot, A. and Ripperger, T. and Wolff, B.[1996], pp.68-72. を参考に筆者作成。

第5章　鋼材の電子商取引化によるシステム変容と取引費用節減効果

と特殊性（k）の度合いをあらわしている。鋼材取引において，店売り契約型で扱われる鋼材の資産の特殊性は比較的低いことから0-k間の閾値に，ひも付き契約型で扱われる鋼材の資産の特殊性は比較的高いことからk-以上の閾値にある。情報化の進展は曲線TCをTC'へと右方シフトさせるが，従来の鋼材取引の情報化である鋼材ドットコムおよび鉄鋼ECシステムの導入は，取引費用節減効果を持つことはこの図および図表5－2－1および図表5－2－4からも明らかである。

　さらに変動的取引費用の取引費用節減化の影響は，特殊性に対して一様に減少するのではなく，特殊性が高くなるにつれて傾きが低下するため，鋼材取引においては鉄鋼ECシステムによる取引費用節減効果の方が鋼材ドットコムによるそれより強いことを示唆している。

　また，ひも付き契約型における図表5－2－2と図表5－2－3の比較，店売り契約型における図表5－2－5と図表5－2－6の比較により，鋼材取引の情報流は，特にひも付き取引では情報検索者とデータ所有者の関係がプッシュ型からプル型へと大きく変わっている。こうした変化では，商社の役割が大きく変化しているといえる。従来型の取引では，商社は鋼材のユーザーの需要情報を占有し，また高炉メーカーとの良好な関係により，流通業務を独占してきた。しかし，商社が鋼材取引において分担してきたユーザー情報（鋼材の使用予定等）収集は，情報通信技術の発展によって従来型よりも簡単に入手できるようになり，商社の付加価値がつかなくなった。電子商取引システムの導入は，現在の三菱商事の鉄鋼部門切り離しや，三井物産のコイルセンター取り込み，日商岩井の経営統合にみるように商社の役割を大きく変えているのである。

　こうした情報流の変化は，複雑な情報流を持っているひも付き契約型に強くあらわれ，商社が一手に担ってきた鋼材取引の情報流を電子商取引システムに置換することで，店売り契約型にはない取引費用節減効果をもたらしているといえる。電子商取引の導入は従来の情報流を簡素化した上で，取引費用節減効果をもたらすことが明らかである。

第3節　企業間の電子商取引化における官民の役割分担

　鉄鋼業界の電子商取引システム構築・導入の事例は，取引費用節減効果の面だけでなく，わが国の電子商取引推進に向けての官民の役割分担についても示唆する。

　電子商取引導入には費用節減効果のみではなく，情報通信技術を導入するためのPC等の設備投資費用や，ネットワーク形成およびシステム構築費用といった費用増大を招く側面がある（第3章第2節）。初期の設備投資費用は情報通信技術の発展に伴う機器の低価格化によって解決の方向にあるが，電子商取引システム構築・導入にあたっては膨大な費用が発生するため，大企業であってもその構築は容易ではない。

　実際，鉄鋼ECシステム構築には約50億円の開発・運用費用が発生している。本システムはSCM参加企業すべてに対し，取引費用節減効果をもたらすが，システム構築にあたって費用負担の主体はどこかという問題が残る。

　鉄鋼ECシステムは旧通商産業省による「企業間高度電子商取引推進事業」の関連プロジェクトとして，1996年から1998年までシステム構築費用の半分にあたる25億円を政府が補助し，開発・運用されている。こうした研究プログラムは1996年次には26の関連プロジェクトが組まれており，217億5,000万円が投入されている。

　鋼材ドットコムのようなスポット取引については，取引所型電子商取引のソリューションパッケージの流用が可能である。しかし，鉄鋼ECシステムのような企業間相互の経常的取引を基礎とした取引業務の電子商取引化は，専門的知識に基づくモデル設計とシステム開発が求められ，開発・運用には膨大な時間・費用が発生する。

　こうした官民共同のプロジェクトは，民間企業に対し費用負担軽減をもたらし，またわが国の電子商取引システム構築のノウハウを蓄積させる。その結果，わが国の企業間電子商取引の発展につながっていくのである。

第5章　鋼材の電子商取引化によるシステム変容と取引費用節減効果

　わが国の情報通信政策は，1994年の高度情報通信社会推進本部が設置以来，「民主導・官補完」の立場をとっている。「光ファイバー敷設などの安易な公共事業的な政策に傾くことは，結果的に経済の活力を奪う（松原［2001］，p 45.）」との指摘があるように，情報技術や通信技術への安易な投資はせずに，政府は電子商取引発展のための補完的役割を進めるべきである。

　電子商取引に関して政府の役割は，各産業に対し研究プロジェクトを立ち上げ，費用補助しながらシステムを共同開発し，そのノウハウを蓄積し改めて生かしていくというアプローチが望まれる。

　現在，鉄鋼ECシステムは実証実験（高炉メーカー〜家電メーカー（第1・2期），高炉メーカー〜自動車メーカー（第3期））でのノウハウを生かし，新日鉄-トヨタの電子商取引システムとして実用稼動している。

　現在，政府の電子商取引に関する役割は，システム構築に関する研究プロジェクトの補完を経て，新たに電子商取引に付随する制度的課題である「セキュリティ問題への対応」，「制度・ルール等の整備重点課題」へと移行しつつある。

　第2章第2節，第3章第2節で指摘した，一般的な電子商取引の課題についてはIT基礎部分の情報サービス分野の発展により，そのほとんどが民間分野で解決が図られている。ただし，政府は「民主導・官補完」の立場から，電子商取引システムの構築および付随する制度的課題の解決に向けて積極的な取り組みがあってこそ，わが国における更なる電子商取引の発展が可能となる。

注
(31) 商社に関しては倉庫を持つが積送在庫としてみなされるため，簡単化のため除外した。
(32) 発注計画，使用予定について，ほとんどの中小需要家は場当たり的な需要であるため持たない。情報が開示された場合，これらの情報の流れは，従来型では，主としてコイルセンター，二次問屋が中小需要家に対し情報の検索を

行っていた。電子商取引型では，主としてコイルセンター，二次問屋がそれぞれ情報の検索を行い，二次問屋はコイルセンターに連絡する。ここでは，情報の流れが簡素化している。

結びにかえて

　本著は情報通信技術の発展がもたらす企業間取引の影響について，取引費用論を理論の中心におき，鋼材の電子商取引化を実証的に分析したものである。

　従来の鋼材取引では取り扱う鋼材の資産の特殊性が高い場合には中間組織型=「ひも付き契約型」，低い場合には市場型=「店売り契約型」の取引形態が利用されてきた。こうした従来型の鋼材取引では流通経路が複雑で，情報収集業務が非効率で労働集約的であり，過大な取引費用が発生していた。また，この取引では，一般に商社を経由しての受発注が行われており，商社が情報流上で大きな役割を果たしていた。

　しかし，1990年代後半以降，情報通信技術の進歩や，その企業間取引への応用によって，鋼材取引では，「ひも付き契約型」はネットワーク組織型の「鉄鋼ECシステム」へ，「店売り契約型」はeMP型の「鋼材ドットコム」へと移行していった。これは，コース，ウィリアムソンの取引費用論における資産の特殊性と中間組織および市場の取引費用曲線との関係から，理論的に裏付けできた。

　ネットワーク組織型の鉄鋼ECシステムでは，鉄鋼EDIセンターが設置した「鉄鋼ECネット管理運用センター」が運営主体となり，電子商取引システムを構築・運用している。これは旧通商産業省による「企業間高度電子商取引推進事業」の関連プロジェクトとして，1996年～1998年にシステム構築費用について政府が半分に当たる約25億円の額を補助し，開発・運用されている。

　一方，eMP型の鋼材ドットコムは，鋼材ドットコム・Commerce Center Inc・新日鐵ソリューションズ共同により，ECソリューションパッケージ「Commerce Center 6.0」を採用して，電子商取引システムを開発・運用している。

本著では，これらの2つの鋼材の電子商取引化を，システム構築担当者への聞き取り調査・元資料を基にとりまとめ，整理した。

　さらに，鋼材取引への電子商取引システムの導入は，鋼材取引で発生する取引費用を大幅に節減することも実証的に明らかにした。とくに本著では，取引費用節減に関して，取引にかかわる時間節約を数量的に示すことができた。

　鋼材の電子商取引化は，「鉄鋼ECシステム」では，導入時に政府補助があったものの，取引費用の節約が，費用節約という企業の合理的な行動によって進められたことも明らかにできた。

　一方，鋼材の電子商取引化は，鋼材取引における情報流に変化をもたらすことも示すことができた。電子商取引化によって情報流が簡素化し，データ所有者とデータ検索者の関係がプッシュ型からプル型へと変わっていった。これは，従来型の鋼材取引では定期的に電話・FAXを使い労働集約的に行われていた情報収集業務を，電子商取引システムによって各情報をデータベース化することで，検索者が必要時に必要な部分だけを即時に引き出すことができる変化を示している。

　また，こういった鋼材の電子商取引化は，この取引全体のあり方にも大きな影響をもたらした。従来の取引では大きな役割を果たした商社が，その役割を縮小させることとなった。従来の取引では，鋼材価格の1.5%を占めるといわれている商社の手数料が大きく縮減されたことは，まさに，電子商取引化による取引費用節減のなによりの証明といえる。

　従来，商社は鋼材のユーザーの需要情報を占有し，また高炉メーカーとの良好な関係により，流通業務を独占してきた。しかし，商社が鋼材取引において分担してきたユーザー情報（鋼材の使用予定等）収集は，情報通信技術の発展によって従来型よりも簡単に入手できるようになり，商社の付加価値がつかなくなった。

　こうした情報通信技術の発展＝電子商取引システムの導入は，現在の三菱商事の鉄鋼部門切り離しや，三井物産のコイルセンター取り込み，日商岩井

の経営統合にみるように商社の役割を大きく変えている。

　このように，本著では鋼材の電子商取引化を理論的，実証的に検討し，鋼材取引が必然的に電子商取引化することを示すことができた。この事例では，従来から中間組織型，市場型という2つの契約形態があり，それぞれに対応する2類型の電子商取引システムができあがってきた。

　本著では，それをコース，ウィリアムソンの取引費用論から説明できることを明らかにした。また，こういった事例は鉄鋼業界だけでなく，石油化学業界にもみられ，一定の普遍化は可能であると考えられる。さらに，製品によって，資産の特殊性が高いものは中間組織型の電子商取引が発生し，資産の特殊性が低いものは市場型の電子商取引に移行する可能性をこの研究は示唆しているといえる。

　また，本著では，鋼材取引の電子商取引化によって取引費用が節減できることを実証的に明らかにした。この点は，商社などが取引に大きく介在している業界では，同様の電子商取引化による費用節減が説明できる可能性が高い。このように，本著の分析が，単に鋼材という一つの財の取引に限定されることなく，多くの財やサービスの電子商取引化の分析にも応用可能であることを示していると考えられる。

　今後，この分析を基礎に，他の財の電子商取引の分析を行い，より一般的な企業間電子商取引の分析を行うことを本著の課題としたい。

参考文献

Anna Grandori [1999], *Interfirm Networks*, Routledge, an imprint of Taylor & Francis Books Ltd.

Austan Goolsbee [2001], "The Implications of Electronic Commerce for Fiscal Policy," *Journal of Economic Perspectives*, Volume15, Number 1, Winter, pp.13-23.

Barnard, C. I. [1938], *The Functions of the Executive*, Harvard University Press. (山本安次郎・田杉競・飯野春樹訳 [1995], 『新訳 経営者の役割』, ダイヤモンド社)

Bertalanffy, L. V. [1968], *General System Theory: Foundations Development, Application*, George Braziller. (長野敬・太田邦昌訳 [1996], 『一般システム理論:その基礎, 発展, 応用』, みすず書房)

European Council [2000], presidency conclusions, <http://europa.eu.int/ISPO/docs/services/docs/2000/doc_00_8_en.pdf>

Clemons, E.K. and Reddi, S.P. and Row, M. C. [1993], "The impact of information technology on the organization of economic activity: the move to the middle hypothesis," *Journal of Management Information Systems*, Vol. 10, No.2, pp.9-35.

Coase, R. H. [1937], "The Nature of the Firm," *Economica*, vol. 4, pp. 386-405.

Coase, R. H [1992], *The Firm the Market and the Law*, The University of Chicago Press.

Coase, R. H. [1988], *The Firm, the Market and the Law*, Illinois : The University of Chicago Press. (宮沢健一・後藤晃・藤垣芳文訳 [1992], 『企業・市場・法』, 東洋経済新報社)

Commons, J. R. [1934], *Institutional Economics: Its Place in Political Economy*, The Macmillan Company.

COUNCIL OF THE EUROPEAN UNION [2000], eEurope2002 ActionPlan, <http://europa.eu.int/comm/information_society/eeurope/pdf/actionplan_en.pdf>

Council of The European Union [2000], eEurope -An Information society For All, <http://europa.eu.int/information_society/eeurope/news_library/pdf_files/initiative_en.pdf>

参考文献

David Lucking-Reiley & Daniel F. Spulber [2001], "Business-to-Business Electronic Commerce," *Journal of Economic Perspectives*, Volume15, Number 1, Winter, pp. 55-68.

福田豊，須藤修，早見均 [1997]，『情報経済論』，有斐閣

後藤晃・山田昭雄編 [2001]，『IT革命と競争政策』，東洋経済新報社

林紘一郎 [1998]，『ネットワーキング　情報社会の経済学』，NTT出版

平田健治 [2001]，『電子取引と法』，大阪出版会

池上惇 [1996]，『マルチメディア社会の政治と経済』，ナカニシヤ出版

今井賢一・伊丹敬之・小池和男[1982]，『内部組織の経済学』，東洋経済新報社

IT戦略会議 [2000]，「IT基本戦略」<http://www.kantei.go.jp/jp/it/goudou-kaigi/dai6/pdfs/6siryou2.pdf>

情報通信総合研究所 [2002]，『インターネット・エコノミー　－新たな市場法則と企業戦略』，NTT出版

城川俊一 [1996]，『情報環境の経済学』，日本評論社

城川俊一・住田友文編 [1998]，『複雑系としての社会経済システム』，学術図書出版社

木村順吾 [2001]，『IT時代の法と経済』，東洋経済新報社

経済産業省 [2002]，「平成13年度電子商取引に関する市場規模・実態調査」<http://www.meti.go.jp/kohosys/press/0002379/0/020218ec.pdf>

経済産業省 [2003]，「情報経済アウトルック2003度版」，<http://www.ecom.jp/press/20030528meti/20030528pressrelease.pdf>

経済産業省 [2004]，「平成15年度電子商取引に関する実態・市場規模調査」，<http://www.meti.go.jp/policy/it_policy/press/0005308/0/040611denshi.pdf>

広域関東圏産業活性化センター [2000]，『インターネットによる中小企業の事業展開に関する調査』，財団法人広域関東圏産業活性化センター

高度情報通信社会推進本部 [1998]，「電子商取引等の推進に向けた日本の取組み」，<http://www.kantei.go.jp/jp/it/commerce/980622honbun.html>

小菅敏夫・中村理史 [2000]，「IT活用が企業取引に与える影響」，『情報通信学会誌』，第18巻　第2号，pp.71-88.

込江雅彦 [2000]，「インターネットコマースと経済政策」，『情報通信学会誌』，第18巻，第1号．

熊坂有三・峰滝和典 [2001]，『ITエコノミー』，日本評論社

國井昭男 [2001]，「企業組織におけるIT導入と組織文化の相互作用」，『平成12

年度情報通信学会年報』, pp.71-88.

Lucking-Reiley, D. and F. Spulber, D. [2001], "Business-to-Business Electronic Commerce," *Journal of Economic Perspectives*, Volume 15, Number 1, Winter, pp.55-68.

Malone, T. W. and Yate, J. and Benjamin, R. I. [1987], "Electronic Markets and Electronic Hierarchies," *Communications of ACM*, Vol.30, No.6, pp. 484-497.

増田祐司［1995］,『情報の社会経済システム』, 新世社

松石勝彦編［1994］,『情報ネットワーク社会論』, 青木書店

松原聡［2001］,「IT革命と官民の役割分担」,『日本経済政策学会 第58回大会報告要旨』, pp.31-45.

丸山豊史［2002］,「鉄鋼ECシステムによるサプライチェーン業務の効率化」,『第17回日中企業管理シンポジウム報告論文集(経営行動研究学会)』, pp.35-39.

三浦隆之［1995］,「市場か組織か」, 川端久夫編著『組織論の現代的主張』, 中央経済社

三浦隆之［1980］,「企業組織の1つの構図（その1）」,『福岡大学商学論叢』, vol.25, No.1, pp. 56-59.

中谷巌［2001］,『IT革命と商社の未来像―eマーケットプレースへの挑戦』, 東洋経済新報社

成沢広行［2001］,『情報技術の国際革新』, 高文堂出版社

日本インターネット協会編［2000］,『インターネット白書』, インプレス

日本インターネット協会編［2001］,『インターネット白書』, インプレス

日本情報処理開発協会［2002］,『情報化白書2002』, コンピュータ・エージ社

日外アソシエーツ編［2001］,『IT革命 そしてネット社会へ』, 日外アソシエーツ

Nikos Karacapililidis and Pavlos Moraitis [2001], "Building an agent-mediated electronic commerce system with decision analysis features," *Decision Support Systems*, No.32, pp.53-69.

新田俊三［1966］,「企業の本質」, 玉野井芳郎編『比較経済体制論・下』, 日本評論社

新田俊三［2001］,『ヨーロッパ中央銀行論』, 日本評論社

OECD [1997a], Electronic Commerce: Opportunities and challenges for

Government, <http://www.oecd.org/dsti/sti/it/ec/act/sacher.htm>

OECD [1997b], Business-to-Consumer Electronic Commerce: Survey of Status and Issues, <http://www.oecd.org/dsti/sti/it/ec/prod/gd97219.htm>

OECD [1997c], Measuring Electronic Commerce, <http://www.oecd.org/dsti/sti/it/ec/prod/e_97-185.htm>

岡部曜子 [2001],『情報技術と組織変化』, 日本評論社

Picot, A. and Ripperger, T. and Wolff, B. [1996], "The Fading Boundaries of the Firm : The Role of Information and Communication Technology," *Journal of Institutional and Theoretical Economics*, Vol. 152, No. 1, pp. 65-79.

Rapp, W.V. [2002], *Information Techonology Strategies*, Oxford University Press.（柳沢享・長島敏雄・中川十郎訳 [2003],『成功企業のIT戦略』, 日経BP社）

Riordan, M. H. and Williamson, O. E. [1985], "Asset Specificity and Economic Organization," *International Journal of Industrial Organization*, No. 3, pp. 365-378.

Shannon, C. E. & W. Weaver [1949], *The Mathematical Model Theory of Communication*, The University of Illinois Press.

柴山健太郎 [2000],『グローバル経済とIT革命』, 社会評論社

Simon, H. A. [1957], *Models of Man*, John Wiley and Sons, New York.

進化経済学会編 [2000],『方法としての進化』, シュプリンガー・フェアラーク東京株式会社

篠崎彰彦 [2000],「IT革命が日本経済に及ぼす影響」,『Economy Society Policy』2000年5月号 pp. 26-29, 経済企画協会

総務省 [2004a],「企業のユビキタスネットワーク利用動向調査」, <http://www.johotsusintokei.soumu.go.jp/linkdata/inv1_houkoku_h16.pdf>

総務省 [2004b],「平成15年通信利用動向調査」, <http://www.soumu.go.jp/s-news/2004/pdf/040414_1_a.pdf>

総務省 [2004c],『平成16年度版 情報通信白書』, ぎょうせい

須藤修・後藤玲子 [1998],『電子マネー』, 筑摩書房

谷口洋志 [2001],『米国の電子商取引政策―デジタル経済における政府の役割』, 創成社

時永祥三・譚康融 [2001],『電子商取引と情報経済』, 九州大学出版会

遠山正朗 [2002]、『情報通信技術と取引コスト理論』、白桃書房

植草益 [1987]、『産業組織論』、日本放送出版協会

植草益 [2000]、『公的規制の経済学』、NTT出版株式会社

U. S. Department of Commerce [1998], The Emerging Digital Economy, <http://www.ecommrce.gov/emerging.htm>（室田泰弘訳 [1999]、『ディジタル・エコノミー』、東洋経済新報社）

U. S. Department of Commerce [1999], The Emerging Digital Economy Ⅱ, <http://www.ecommrce.gov/ede.htm>（室田泰弘訳 [1999]、『ディジタル・エコノミーⅡ』、東洋経済新報社）

U. S. Department of the States [2000], *Emerging Digital Economy 2000*. （室田康弘編訳 [2000]、『ディジタル・エコノミー2000』、東洋経済新報社）

Warwick Ford, Michael S. Baum [2001], *Secure Electronic Commerce: Building the Infrastructure for Digital Signatures and Encryption, Second Edition*, Prentice Hall PTR.（山田慎一郎訳 [2001]、『ディジタル署名と暗号技術第2版』、ピアソン・エデュケーション）

渡辺智之 [2001]、『インターネットと課税システム』、東洋経済新報社

Williamson, O. E. [1975], *Markets and Hierarchies*, New York: Free Press. （浅沼萬里・岩崎晃訳 [1980]、『市場と企業組織』、日本評論社）

Whinston, Andrew B. and Stahl, Dale O. and Choi, Soon-Yong [1997], *The Economics of Electronic Commerce*, Macmillan Computer Publishing. （香内力訳 [2000]、『電子商取引の経済学』、ピアソン・エデュケーション）

山田肇監修 [2003]、『Information』、NTT出版

山崎朗・玉田洋 [2000]、『IT革命とモバイルの経済学 －空間克服と経済発展のメカニズム』、東洋経済新報社

八尾晃 [2001]、『貿易・金融の電子取引』、東京経済情報出版

謝　辞

　本研究を進めるにあたっては，多くの先生方にお世話になった。東洋大学大学院経済学研究科在学中には，城川俊一教授，松原聡教授から，研究にかかわる最新参考文献の紹介や推薦，論文の構成，理論の応用から文章の表現などに至るところまで，丁寧な直接的な指導を賜った。また，博士論文を発表する際には，大学院経済学研究科委員長の中北徹教授，同主任の山田肇教授から大変貴重なコメントや示唆に富む助言と励ましを与えていただいた。また本著の実証研究部分にあたっては，丸山豊史先生より数多くのご指導を賜った。心より厚くお礼申し上げたい。

　東洋大学大学院の研究生活の過程では，多くの方々のご支援とご協力をいただいたことを深く感謝する次第である。特に博士後期課程1年次までご指導を賜った故新田俊三教授には，心より厚くお礼申し上げたい。また多くの著者，文献ならびに資料に大変お世話になった。ここで心から深甚の謝意をあらわすものである。

著者略歴

伊藤　昭浩（いとう・あきひろ）
　　1972年　東京生まれ
　　2004年　名古屋学院大学商学部　専任講師
　　　　　　東洋大学大学院経済学研究科博士後期課程　修了
　　　　　　現在に至る
　　　　　　専攻　情報経済，社会経済システム

主要著書

　　　　『コンピュータリテラシー入門』平原社，2006年（共著）

情報通信技術と企業間取引
　　　—鋼材取引業務の電子商取引化—

2007年3月30日　第1版第1刷　　　　　定価2800円＋税

　　著　者　　伊　藤　昭　浩　Ⓒ
　　発行人　　相　良　景　行
　　発行所　　㈲　時　潮　社
　　　　　　〒174-0062　東京都板橋区前野町 4 -62-15
　　　　　　電　　話　03-5915-9046
　　　　　　Ｆ Ａ Ｘ　03-5970-4030
　　　　　　郵便振替　00190-7-741179　時潮社
　　　　　　Ｕ Ｒ Ｌ　http://www.jichosha.jp
　　　　　　E-mail　kikaku@jichosha.jp
　　印刷・相良整版印刷　製本・仲佐製本

乱丁本・落丁本はお取り替えします。
ISBN978-4-7888-0617-7

時潮社の本

中国のことばと文化・社会
中文礎雄著
Ａ５判並製・352頁・定価3500円（税別）

5000年に亘って文化を脈々と伝え、かつ全世界の中国人を同じ文化で結んでいるキーワードは「漢字教育」。言葉の変化から社会の激変を探るための「新語分析」。２つの方法を駆使した中国文化と社会の考察。本書のユニークな方法は、読者を知的に刺激する。

アメリカ　理念と現実
分かっているようで分からないこの国を読み解く
瀬戸岡紘著
Ａ５判並製・282頁・定価2500円（税別）

「超大国アメリカはどんな国」——もっと知りたいあなたに、全米50州をまわった著者が説く16章。目からうろこ、初めて知る等身大の実像。この著者だからこその新鮮なアメリカ像。

食からの異文化理解
テーマ研究と実践
河合利光編著
Ａ５判並製・232頁・定価2300円（税別）

食を切り口に国際化する現代社会を考え、食研究と「異文化理解の実践」との結合を追究する。——14人の執筆者が展開する多彩、かつ重層な共同研究。親切な読書案内と充実した注・引用文献リストは、読者への嬉しい配慮。

社会的企業が拓く市民的公共性の新次元
持続可能な経済・社会システムへの「もう一つの構造改革」
粕谷信次著
Ａ５判並製・342頁・定価3500円（税別）

社会的格差・社会的排除の拡大、テロ―反テロ戦争のさらなる拡大、進行する地球環境の破壊——この生命の星・地球で持続可能なシステムの確立は？　企業セクターと政府セクターに抗し台頭する第３セクターに展望を見出す、連帯経済派学者の渾身の提起。